하 ㅣ 루 ㅣ 에 ㅣ 재 ㅣ 료 ㅣ 한 ㅣ 가 ㅣ 지

BEAN-CURD

한 가지 재료가 주는
다양성에 대해 알려드리고 싶습니다.

    우리는 하루에도 몇 번씩 다양한 음식을 먹습니다. 아침, 점심, 저녁, 간식, 야식 등 때에 따라 부르는 이름도 다르고 메뉴 역시도 다양합니다. 또한 유명 맛집을 찾아가기도 하고, 호텔에서 훌륭한 셰프의 음식을 맛보기도 하며, 파티에서 화려한 음식을 즐기기도 합니다. 이처럼 다양한 음식을 섭취하는 일은 우리의 일상에서 빼놓을 수 없는 즐거움입니다. 하지만 평범한 날들이 더 많은 우리의 일상을 지탱하게 하는 힘은 편안하고 아늑한 집에서 가족들과 함께 대화를 나누며 먹는 집밥에서 나옵니다.

    여러 가지 다양한 식재료를 사용해 음식을 만드는 일은 아주 재미있습니다. 내가 원하는 요리를 마음껏 만들 수 있고 새로운 시도도 해볼 수 있죠. 하지만 대부분의 집밥은 한정된 식재료를 사용하다 보니 매번 비슷한 음식을 만들 수밖에 없고 점점 요리에 대한 흥미가 떨어지기도 합니다. 이런 분들을 위해 매일 밥상 위에 올라오는 익숙한 재료 한 가지로 수십 가지의 다양한 음식을 만들어보았습니다. 바로 '두부'로 말이죠.

    두부는 구입하기도 조리하기도 부담스럽지 않은 소소한 식재료지만 영양이 가득하고 간단히 요리해도 충분히 맛있는 음식을 만들 수 있습니다. 종류도 아주 다양해 여러 가지 형태로 요리할 수 있어 더욱 매력적이지요. 특히 부드러운 식감과 풍부한 영양소를 가지고 있어 어린아이부터 어르신들까지 모두 먹기 좋은, 한국인의 밥상에 빠지지 않는 친숙하고 고마운 식재료입니다.

처음에 출간 제의를 받았을 때는 두부를 사용해 여러 가지 레시피를 만든다는 것에 대해 잘 할 수 있을까 하는 걱정이 앞섰지만, 지금 생각해보면 오히려 잘한 선택인 것 같습니다. 책을 준비하면서 '두부'에 대해 완벽하게 마스터할 수 있었고, 한 가지 재료만을 사용해 각종 요리에 응용하며 새로운 레시피를 만드는 과정은 저 스스로 발전할 수 있음과 동시에 매우 흥미진진하고 설레는 시간이었습니다.

책을 만들며 제가 추구했던 가장 중요한 부분은 바로 '다양성'입니다.
다양한 재료가 주는 다양함이 아닌, 한 가지 재료가 주는 다양함이지요.

책에서는 두부 본연의 맛과 특징을 최대한 살리되 집에서 쉽고 다양하게 조리할 수 있는 메뉴들로 구성했습니다. 호불호가 갈릴 수 있는 메뉴보다는 누구나 쉽게 만들고 맛있게 즐기며 눈으로 보았을 때도 "와~ 맛있어 보여! 어떤 맛일지 얼른 먹어보고 싶어!"라는 마음이 들 수 있는 요리들로 가득 채웠습니다. 두부를 주재료로 어떻게 40가지나 되는 레시피를 만들었을까 신기하시겠지만, 작은 아이디어 하나면 40가지가 아니라 100가지, 1000가지의 레시피도 만들 수 있습니다. 음식을 만드는 것에 부담 갖지 말고, 자신이 좋아하는 것과 조금씩 접목해 보세요. 재료는 한 가지이지만 요리의 세계는 무한하답니다.

저는 이 책을 통해 음식을 만드는 즐거움과 설렘을 많은 분들과 나누고 싶습니다.
두부로 색다른 요리를 만들어보고 싶으셨다면 여기서 영감을 얻으셨으면 합니다.

2020년 봄을 시작하며 낭만미미 김지은

BEAN-CURD

Contents

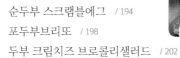

두부
이야기

🫘 두부 이야기 ──────────

■ 두부의 기원

두부는 고대 중국에서 처음 만들어졌는데 정확히 어떤 계기로 어떻게 만들게 되었는지는 확인된 바가 없습니다. 우리나라에는 대략 고려 말에 원나라로부터 전래되었을 가능성이 큰데요. 그 이유는 우리 문헌에서 두부에 대한 최초의 기록이 고려 말 성리학자인 이색(李穡)의 《목은집(牧隱集)》이기 때문입니다.

> 나물죽도 오래 먹으니 맛이 없는데
> 두부가 새로운 맛을 돋우어 주네.
> 이 없는 사람 먹기 좋고
> 늙은 몸 양생에 더없이 알맞다.
>
> 이색, 《목은집》, 〈대사구두부내향(大舍求豆腐來餉)〉中

고려 말부터 발달하기 시작한 두부는 임진왜란을 거치며 일본으로 전해졌고, 일본이 동아시아의 패권을 잡으면서 동아시아 전역에 퍼지게 되었습니다. 특히 불교 문화권에서는 채식 문화가 발달하면서 고단백, 저칼로리, 저지방의 건강한 식재료인 두부를 많이 사용했습니다.

앞서 언급했듯이 두부의 기원은 정확하게 밝혀진 것이 없습니다. 다만 비공식적으로 몇 가지 가설이 있는데요. 첫 번째로는 중국 한나라 시대 후아이난의 왕인 리우안이 나이가 들어 딱딱한 콩을 씹기 힘들어하는 어머니를 위해 두유를 만드는 과정에서 두부가 만들어졌다고 합니다. 지극한 효심이 감동적이긴 하지만 두유에서 두부로 넘어가는 과정이 명확하지 않기 때문에 주목을 받지는 못했습니다. 두 번째로는 간 콩을 끓이던 중 실수로 바닷소금을 쏟아 만들어졌다는 설이 있습니다. 바닷소금에는 두부를 응고시킬 때 필요한 칼슘과 마그네슘이 들어있고, 또 고대에는 콩으로 국을 끓여 먹었다고 하니 어느 정도 가능성은 있어 보입니다. 이 외에도 고대 중국인이 몽골의 치즈 만드는 방법을 차용해서 두부를 만들었다는 설 등 다양한 이야기가 전해오고 있습니다.

이런 수많은 가설들 중 어떤 것이 진짜 기원인지는 알 수 없습니다. 하지만 현재 두부는 고단백 식품으로 건강에 좋고 칼로리가 낮아 체중조절에도 도움을 주기 때문에 동아시아뿐만 아니라 전 세계적으로 많은 사람들이 즐겨 찾는 식재료가 되었습니다. 특히 육류 섭취가 많은 미국이나 캐나다 등 서구사람들에게는 식물성 단백질을 섭취할 수 있는 최고의 식재료로 각광받고 있는데요. 콩은 싫어해도 두부를 싫어하는 사람은 없죠. 특유의 고소함과 담백함으로 어떤 음식을 만들어도 잘 어울리는 두부, 맛은 물론 영양까지 챙길 수 있는 두부에 대해 조금 더 자세히 알아보겠습니다.

■ 두부의 영양 & 효능

두부는 만드는 과정에서 콩에 함유되어있는 조섬유질과 수용성 탄수화물 일부가 제거되기 때문에 부드럽고 연하며 소화가 잘 되는 식품입니다. 또한 콩의 영양성분을 95%까지 흡수할 수 있어 건강한 식재료이자, 수분 함량이 높아 포만감을 주고 칼로리가 낮아 최적의 다이어트 식재료라고도 할 수 있습니다.

두부는 아미노산과 칼슘, 철분 등의 무기질이 많은 고단백 식품으로 성인병과 암 예방에 도움이 되고 노화방지에도 효과가 있습니다. 두부에 들어있는 칼슘은 우유 한 컵에 들어있는 양보다 많아 골다공증 예방에도 좋고 풍부한 수분과 식이섬유인 올리고당이 들어있어 변비 예방에도 좋은 식품입니다. 특히 두부에는 신경세포 생성에 도움이 되는 레시틴 성분이 있어 뇌 건강에도 도움이 된다고 알려져 있습니다.

■ 두부의 종류

찌개에 두부를 넣었는데 보들보들한 것이 아니라 금방 딱딱해지거나, 두부부침을 만들었는데 자꾸 부서져 곤란했던 경험이 다들 있으실 텐데요. 이는 두부의 종류에 대해 정확히 몰랐기 때문에 생긴 실수들입니다. 두부는 만드는 과정에서 가열하는 시간과 응고제, 굳히는 방법에 따라 여러 종류로 나뉘는데요. 각각의 두부마다 특징이 다르기 때문에 잘 알고 있으면 더욱 맛있는 음식을 만들 수 있습니다.

1. 순두부

순두부는 가장 부드러운 형태의 두부로 콩물을 끓인 다음 응고제를 넣어 몽글몽글하게 뭉쳐진 것을 바로 건져 먹는 두부입니다. 주로 순두부찌개나 덮밥, 프리타타 등을 만들 때 사용합니다.

2. 판두부

판두부는 순두부를 건져 두부 틀에 넣은 다음 눌러 물기를 빼면서 굳힌 두부입니다. 판에 넣어 만들었다고 해서 판두부, 네모난 모양 때문에 모두부라고 부르기도 합니다. 굳힌 정도에 따라 부드러운 것은 찌개용으로 사용하고, 단단한 것은 부침용으로 사용합니다.

3. 연두부

연두부는 순두부보다는 단단하고 판두부보다는 부드러운 두부입니다. 일반적인 두부와 만드는 방법은 동일하나 모양을 만드는 과정에서 물을 완전히 빼지 않아 말랑말랑하고 매끈하며 탱글탱글한 식감이 특징입니다. 주로 샐러드로 많이 먹으며 어린잎채소와 간장양념을 곁들여 아침 식사 대용으로 먹기도 합니다.

4. 포두부

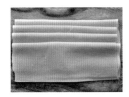

포두부는 두부를 얇게 펴서 저민 후 말린 것으로 건두부라고 부르기도 합니다. 주로 채 썰어 국수로 만들어 먹거나 안에 내용물을 넣고 감싸 롤 형식으로 만들어 먹기도 합니다.

5. 얼린 두부

얼린 두부는 말 그대로 얼려서 먹는 두부입니다. 두부를 얼리면 미생물의 번식을 막을 수 있어 조금 더 오랫동안 보관할 수 있습니다. 얼린 두부는 해동하는 과정에서 두부 안에 있던 수분이 빠져나가 압력을 가해도 쉽게 으깨지지 않고 모양이 그대로 살아있어 볶음요리를 하기에 아주 좋습니다. 또한 수분이 빠진 만큼 영양성분은 압축되어 일반 두부에 비해 단백질 함량이 6배가량 높습니다.

● **얼린 두부 만들기 & 해동법**

사 온 두부를 바로 얼리는 경우에는 팩의 포장을 뜯지 않은 상태 그대로 얼리고, 사용하고 남은 두부를 얼릴 때는 수분을 제거한 다음 밀폐용기나 위생봉투, 랩 등으로 밀봉한 후 냉동실에 넣어 얼립니다.

얼린 두부를 해동할 때는 조리하기 하루 전 냉장실로 옮겨 천천히 해동하는 방법과 밀봉한 상태 그대로 차가운 물에 담가 해동하는 방법, 냉동실에서 꺼낸 뒤 전자레인지에 3~4분간 돌려 해동하는 방법이 있으니 상황에 맞게 해동하면 됩니다.

이 외에도 두부를 얇게 썰어 기름에 튀긴 유부를 비롯해 소금에 절여 삭혀먹는 취두부와 콩을 불려 맷돌이나 믹서에 갈아 콩물을 걸러내고 만든 비지 등이 있습니다.

■ 두부와 어울리는 재료

두부는 영양가가 높고 칼로리가 낮아 다이어트 식품으로 아주 좋지만 필수 아미노산 등이 부족해 자칫하면 영양의 불균형이 생길 수 있습니다. 두부의 모자란 영양성분은 다른 재료들을 섭취해 보완하는 것이 좋은데요. 두부와 함께 먹었을 때 더욱 큰 효과를 볼 수 있는 재료를 소개합니다.

1. 쌀, 현미, 잡곡

두부는 단백질이 많은 대신 탄수화물의 함량이 낮습니다. 두부의 부족한 탄수화물을 보충하기 위해서는 쌀이나 현미, 잡곡 등과 함께 섭취하면 좋습니다. 한국인의 경우 쌀이 주식이기 때문에 따로 영양의 불균형이 생길 가능성은 적은 편입니다.

2. 채소

두부에 부족한 비타민 A·C 및 식이섬유의 보충을 위해서는 당근을 비롯한 다양한 채소를 함께 먹는 것이 좋습니다. 가장 좋은 요리법으로는 여러 가지 채소를 넣고 만든 두부전골이 있습니다.
단, 시금치의 경우 두부에 들어있는 칼슘의 흡수를 방해하기 때문에 함께 먹지 않도록 합니다.

3. 고추장, 된장, 김치 등 발효식품

한국인의 밥상에 빠지지 않는 식품인 고추장과 된장, 그리고 김치 역시 두부와 아주 잘 어울립니다. 각종 찌개와 두부김치 등의 음식을 보면 잘 알 수 있죠. 대부분의 한국 대표 식재료와 두부가 이렇게 잘 어울리는 것을 보니, 우리가 두부를 좋아할 수밖에 없는 이유를 알 것 같습니다.

4. 생선

두부에 들어있는 칼슘의 흡수를 높이기 위해서는 비타민 D가 풍부한 생선과 함께 먹는 것이 좋습니다. 생선이 체내 칼슘 흡수에 도움을 주기 때문에 두부와 함께 먹었을 때 보다 많은 칼슘을 섭취할 수 있습니다. 일반적으로 생선조림에 두부를 함께 넣어 먹습니다.

두부요리의 기본

■ 두부 구입법

일반적으로 공장에서 나오는 두부는 팩에 제조일자가 표기되어 있음으로 제조일이 구입일로부터 가까운 것을 구입하는 것이 좋습니다. 마트나 재래시장 등에서 구입하는 판두부와 같은 경우, 제조일자를 확인하기 어려우므로 간수가 깨끗한지 확인하고 두부의 모서리가 부서지거나 눌리지 않은 것으로 선택해주세요. 특히 두부는 수분이 많아 쉽게 상하기 때문에 조금이라도 쉰내가 나면 구입하지 않도록 합니다. 또한 표면이 말라있는 두부는 유통과정에서 수분이 제대로 관리되지 않은 것으로 두부의 식감도 떨어지고 좋은 상태의 두부가 아니므로 표면이 촉촉하고 매끈한 것으로 고르도록 합니다.

■ 두부 보관법

두부는 수분이 많아 쉽게 상하므로 보관기간이 비교적 짧습니다. 그러므로 먹을 만큼만 구매해서 가급적 빨리 먹는 것이 좋은데요. 바로 먹지 못하거나 요리하고 남은 두부는 물에 담가 냉장 보관하도록 합니다. 물은 수돗물보다는 정제수를 사용하고 2~3일에 한번 갈아주는 것이 좋습니다. 이때 물에 소금을 조금 넣으면 두부가 딱딱해지는 것을 막고 미생물 번식도 막을 수 있습니다. 보관했던 두부를 다시 사용할 때는 흐르는 물에 가볍게 행궈서 사용하도록 합니다.

■ 두부 손질법

1. 모두부

수분 제거하기

두부의 수분을 제거할 때는 키친타월이나 면포 등으로 감싸 지그시 눌러 물기를 제거합니다. 수분을 좀 더 충분히 제거하기 위해서는 두부가 으깨지지 않을 정도의 무게가 있는 그릇을 두부 위에 올려 냉장실에서 하루 동안 보관하는 방법도 있습니다.

으깨기

두부를 으깰 때는 칼등으로 누르면 됩니다. 만약 수분을 함께 제거해야 하는 경우 삼베주머니나 면포 등으로 감싸 두 손으로 꾹 눌러 짜면 두부를 으깸과 동시에 수분까지 제거할 수 있습니다.

편썰기

주로 찌개나 조림, 부침 등을 할 때 써는 모양으로 원하는 크기와 두께로 일정하게 자르면 됩니다.

깍둑썰기

두부강정이나 두부탕수 등에 사용되는 모양이지만 국이나 찌개에 넣을 때 깍둑썰기를 하면 숟가락으로 떠 먹기 편리합니다. 기호에 맞게 원하는 크기와 두께로 자르면 됩니다.

2. 순두부

적당한 크기로 자른 다음 키친타월 위에 올려 수분을 제거합니다. 순두부를 자를 때는 칼로 일정한 모양을 내는 것도 좋지만 숟가락을 이용해 숭덩숭덩 자르는 것도 좋습니다.

3. 연두부

연두부는 포장팩에 담겨있는 상태에서 드레싱을 곁들여 먹기도 하지만 샐러드로 만들어 먹을 때는 팩에서 분리하는 것이 좋습니다. 연두부는 매우 부드럽기 때문에 꺼낼 때 쉽게 으깨지는데, 이때 포장팩을 뒤집어 네 귀퉁이에 칼이나 가위로 살짝 구멍을 뚫은 다음 꺼내보세요. 구멍으로 공기가 들어가 팩과 두부 사이에 공간이 생기기 때문에 훨씬 수월하게 꺼낼 수 있습니다.

4. 포두부

포두부는 점성이 없기 때문에 따로 덧가루를 뿌리지 않아도 서로 달라붙지 않습니다. 포두부를 이용해 파스타를 만들 때는 돌돌 말아 적당한 두께로 자르면 되고, 브리또를 만들 때는 포두부가 찢어지지 않도록 두 장을 겹쳐 사용하는 것이 좋습니다.

5. 얼린 두부

얼린 두부는 완전히 해동한 다음 키친타월로 감싸 물기를 제거합니다. 얼린 두부의 경우 일반적인 두부와 달리 강하게 눌러도 으깨지지 않고 수분이 잘 빠집니다.

■ 계량법

1. 계량스푼

1T = 15ml = 15cc = 1큰술

1t = 5ml = 5cc = 1작은술

1T을 계량스푼이 아닌 밥숟가락으로 계량할 경우,

계량스푼의 윗부분을 깎아 계량한 양은 밥숟가락 위로 소복이 올라오는 양입니다.

1t을 계량스푼이 아닌 티스푼으로 계량할 경우,

계량스푼의 윗부분을 깎아 계량한 양은 티스푼 위로 소복이 올라오는 양입니다.

2. 계량컵

1컵 = 200ml = 200cc

1컵은 일반적으로 종이컵 한 컵 분량으로, 계량컵이 없다면 종이컵으로 계량하면 됩니다.

3. 디지털저울

음식의 간을 맞추는 등 취향에 따라 적당히 가감하는 경우를 제외하고는 재료 1g의 차이로 맛이 변하는 경우가 많습니다. 그러므로 식재료를 다루는 저울은 1g 단위로 정확한 계량이 가능한 디지털저울을 사용하는 것이 좋습니다.

두부요리의
비밀레시피

다시마물

콜레스테롤 수치와 혈압을 낮추는 데 효과가 있는 다시마를 우려 다시마물을 만들었습니다. 다시마물은 각종 국물요리는 물론 밥을 지을 때도 활용하면 좋은데요. 우려낸 다시마물은 냉장 보관하여 3일 이내에 드시는 것이 좋으므로 대량으로 만드는 것보다는 소량씩 자주 만드는 것이 좋습니다.

+ Ingredients

다시마물
다시마(5×5cm) 10조각
물 1L

+ Cook's tip

• 다시마물을 우리고 건져낸 다시마는 장조림 등 다른 요리에 활용해도 좋습니다.
• 다시마에는 섬유질이 들어있어, 다시마물을 하루 2잔 정도 섭취하면 변비 개선과 해독 작용은 물론 피부 관리에도 도움이 됩니다.

+ Directions

1

재료를 준비합니다.

2

젖은 타월을 이용해 다시마의 염분을 닦아냅니다.

3

다시마를 물에 넣고 실온에서 10시간 동안 우린 뒤, 다시마를 건져내면 완성입니다.

멸치다시마육수

국, 찌개, 조림요리에 베이스가 되는 육수는 채수, 닭육수, 소고기 육수 등 아주 다양하지만, 그 중 멸치다시마육수는 기본적이면서 도 간단히 만들 수 있어서 가장 많이 사용되는 육수입니다. 쉽고 간단하게 만들어 요리의 감칠맛을 높여보세요.

+ Ingredients

멸치다시마육수

물 1L
다시멸치 10마리
다시마(6×6cm) 1조각

맛술 1T
양파 1/2개

+ Cook's tip

- 멸치다시마육수를 만들 때 기름을 두르지 않은 마른 팬에 멸치를 한번 볶은 다음 맛술을 뿌려 남은 비린내 를 날린 뒤, 양파와 함께 육수를 내면 비린내 없이 개운하고 맛있는 육수를 만들 수 있습니다.

- 육수를 보관할 용기는 열탕 소독해 준비합니다.

  + 열탕 소독하는 방법
  냄비에 용기를 엎어두고 용기가 1/3 정도 잠길 정도로 물을 부어 끓입니다.
  물이 끓어 용기 안으로 수증기가 가득 차면 조심히 병을 꺼내 똑바로 세워서 물기를 말리면 됩니다.

- 완성된 멸치다시마육수는 완전히 식힌 후 냉장으로 3~4일 정도 보관이 가능합니다. 만약 육수의 색이 탁해 졌다면 사용하지 않는 것이 좋습니다.

1

재료를 준비합니다.

2

멸치는 대가리와 내장을 제거해 손질해둡
니다.

3

기름을 두르지 않은 마른 팬에 중약불로
멸치를 볶습니다.

4

멸치가 노릇하게 구워지면 맛술을 부어
남은 비린내를 날리고 불을 끕니다.

5

냄비에 물과 다시마를 넣고 센불에서 끓
입니다. 물이 끓어오르기 시작하면 다시
마를 건져냅니다.

6

다시마를 건져낸 육수에 4번의 멸치와 양
파를 넣고 중불로 줄여 15분간 끓인 뒤 식
히면 완성입니다. 완성된 육수는 열탕 소
독한 병에 담아 냉장 보관합니다.

홈메이드 두부

건강에도 좋고 맛도 좋은 두부를 집에서 직접 만들어보세요. 만드는 방법이 조금 번거롭긴 하지만 한번 만들면 비지, 모부두, 순두부 등 콩 하나로 세 가지 식재료를 얻을 수 있습니다. 내 손으로 만들어 더욱 건강한 두부로 맛있는 한 상을 차려보세요.

+ Ingredients

홈메이드 두부
불린 콩 600g
물 2L
간수 6~7T

간수
물 200ml
분말 간수 5g

+ Cook's tip

- 콩은 겨울에는 12시간 정도, 여름에는 8시간 정도 실온에서 불립니다. 콩은 최대 2.5배까지 늘어나므로 큰 통에 물을 넉넉히 붓고 불리도록 합니다.
- 콩을 너무 오래 불리면 단백질이 물에 녹아 빠져나가고, 콩이 싹을 틔울 준비를 하기 때문에 적당한 시간만 불리는 것이 좋습니다.
- 분말 간수가 없다면 식초, 생수, 천일염을 1:1:1 비율로 섞어 사용하면 됩니다. 이때 간수를 너무 많이 넣으면 두부에서 쓴맛이 나므로 응고되는 상태를 보며 적당량만 사용하는 것이 중요합니다.

+ Directions

1
재료를 준비합니다.

2
불린 콩을 믹서에 넣고 물을 3번에 나눠 부어가며 곱게 갈아줍니다.

곱게 간 콩은 거즈를 사용해 꽉 짜서 콩물
과 비지로 분리합니다. 이때 콩물 위로 떠
오르는 거품은 모두 걷어냅니다.

냄비에 콩물을 붓고 끓입니다. 콩물이 우르르
끓어오르면 중불로 줄이고 분량 외의 물을 조
금씩 부어가며 10분간 끓입니다. 이때 바닥에
눌어붙지 않도록 나무주걱으로 저어줍니다.

불을 끄고 1~2분 정도 뜸을 들인 후 간수
를 1~2 숟가락씩 넣으면서 아주 천천히
저어줍니다. 너무 빨리 저으면 콩물이 삭
아 엉기지 않으니 주의합니다.

두부 틀에 거즈를 깔고 5번의 엉긴 두부를
떠서 담습니다.

거즈를 덮고 뚜껑을 닫은 다음 두부가 지
그시 눌릴 수 있도록 누름돌을 올려 물기
를 제거합니다.

30분~1시간 정도 지난 다음 틀에서 꺼내
거즈와 분리하면 완성입니다. 완성된 두부
는 바로 먹는 것이 가장 좋지만 바로 먹지
않을 경우에는 정제수를 담은 밀폐용기에
담아두면 3일 정도 보관이 가능합니다.

홈메이드 마요네즈

집에서 만들어 더욱 건강하고 맛있는 홈메이드 마요네즈입니다. 높은 칼로리 때문에 마요네즈를 먹기 부담스러웠다면 직접 만들어 먹는 것도 좋겠죠? 홈메이드 마요네즈는 냉장 보관하면 농도가 더 되직해지니 바로 드실 게 아니라면 농도를 살짝 묽게 만드는 것이 좋습니다.

+ Ingredients

홈메이드 마요네즈
달걀 3개
레몬즙 2T
소금 2/3t
식물성기름 100㎖

+ Cook's tip

• 식물성기름을 부을 때, 한 번에 넣을 경우 달걀과 유화되지 않고 따로 분리되므로 3~4회로 나누어 붓도록 합니다.
• 완성된 홈메이드 마요네즈는 가급적 바로 먹는 것이 좋으며, 냉장으로는 2~3일 정도 보관이 가능합니다.

+ Directions

1

재료를 준비합니다.

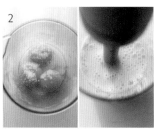

2

달걀은 노른자만 분리한 후 레몬즙과 소금을 넣고, 거품기를 이용해 되직한 농도가 되도록 섞습니다.

3

거품기로 저으면서 식물성기름을 3~4회에 나눠 넣으며 원하는 농도로 만들면 완성입니다.

두부마요네즈

깜짝 놀랄 만큼 부드럽고 고소함이 가득한 두부마요네즈는 만드는 방법에 비해 만족도가 높은 건강한 마요네즈입니다. 빵에 곁들여 먹어도 좋고 크래커에 발라 카나페를 만들거나 샐러드드레싱으로도 잘 어울린답니다.

+ Ingredients

두부마요네즈

두부 200g	레몬즙 4T
꿀 2T	통깨 1T
소금 1/3t	
식물성기름 2T	

+ Cook's tip

- 두부에 식물성기름을 넣어 만든 채식 마요네즈기 때문에 일반적인 마요네즈에 비해 칼로리가 적어 건강하게 즐길 수 있습니다.
- 완성된 두부마요네즈는 가급적 바로 먹는 것이 좋으며, 냉장으로는 2~3일 정도 보관이 가능합니다.

+ Directions

1
재료를 준비합니다.

2
냄비에 두부를 넣고 두부가 잠길 정도로 물을 부은 다음 끓입니다. 물이 끓어오르면 두부를 2분간 데친 뒤 식힙니다.

3
식힌 두부를 면포에 감싸 물기를 제거하고, 분량의 다른 재료와 함께 믹서에 넣어 곱게 갈면 완성입니다.

들깨마요드레싱

들깨의 고소함과 마요네즈의 새콤짭조름한 맛, 그리고 꿀의 달콤함까지 어우러져 고급스러우면서도 자극적이지 않은 들깨마요드레싱입니다. 각종 샐러드와 잘 어울리지만 구운 두부에 곁들여 먹으면 좋은 묵직한 느낌의 드레싱이랍니다.

+ Ingredients

들깨마요드레싱

들깨가루 5T	소금 1/3T
마요네즈 3T	레몬즙 4T
꿀 2T	

+ Cook's tip

• 완성된 들깨마요드레싱은 가급적 바로 먹는 것이 좋으며, 냉장으로는 2~3일 정도 보관이 가능합니다.

+ Directions

1

재료를 준비합니다.

2

레몬즙에 소금을 넣어 완전히 녹입니다.

3

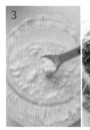

소금이 녹으면 꿀과 마요네즈를 넣고 섞다가, 들깨가루를 넣어 골고루 섞으면 완성입니다.

오리엔탈드레싱

다진 마늘과 참기름을 곁들인 간장베이스의 오리엔탈드레싱은 한 식 샐러드는 물론 두부와 아주 잘 어울리는 드레싱인데요. 깔끔한 맛으로 본 재료의 맛을 극대화시켜 누구에게나 사랑받는 드레싱입 니다.

+ Ingredients

오리엔탈드레싱

간장 4T　　　　다진 마늘 2t
설탕 2T　　　　참기름 2t
매실액 2T
식초 2T

+ Cook's tip

• 오리엔탈드레싱은 샐러드 이외에 해산물과도 잘 어울려 새우나 연어요리에 곁들여도 좋습니다.

• 완성된 오리엔탈드레싱은 가급적 바로 먹는 것이 좋으며, 냉장으로는 2~3일 정도 보관이 가능합니다.

+ Directions

1

재료를 준비합니다.

2

간장과 설탕, 매실액, 식초를 넣 고 설탕이 녹을 때까지 골고루 섞습니다.

설탕이 녹으면 다진 마늘과 참기 름을 넣고 잘 섞으면 완성입니다.

데리야키소스

달콤짭조름한 데리야키소스는 간장을 기본으로 설탕, 레몬, 청주를 비롯해 다양한 채소나 과일을 넣어 맛을 낸 소스입니다. 닭꼬치나 생선 등 구이요리에 많이 사용되어 우리에게 아주 친숙한 소스죠. 홈메이드로 만들 경우 냉장고에서 2주 정도 보관이 가능하니 한 번에 너무 많은 양을 만드는 것보다는 적당량을 만드는 것이 좋습니다.

+ Ingredients

데리야키소스

간장 2컵
설탕 1.5컵
청주 1컵
물 1/2컵
올리고당 3T
양파 1/2개
대파 1대
마늘 5톨

다시마(5×5cm) 3장
월계수잎 3장
말린 편생강 2조각
사과 1/2개
레몬 1개

+ Cook's tip

• 소스의 농도는 끓이는 시간에 따라 조절할 수 있으니 개인의 취향에 맞게 만들면 됩니다.
• 데리야키소스를 보관할 용기는 20페이지를 참고해 열탕 소독합니다.

1

재료를 준비합니다.

2

대파와 양파, 마늘을 기름을 두르지 않은
마른 팬에 올려 약불에서 앞뒤로 살짝 굽
습니다.

3

냄비에 사과와 레몬을 제외한 모든 재료
와 구운 채소를 넣고 센불로 끓입니다. 물
이 끓어오르면 다시마를 건지고 뚜껑을
덮어 중약불로 40분간 끓입니다.

4

40분 뒤 불을 끄고 사과와 레몬을 슬라이
스 해 넣은 다음 하루 동안 냉장실에서 우
립니다.

5

잘 우러난 소스는 체에 밭쳐 건더기를 걸
러내면 완성입니다. 완성된 소스는 열탕
소독한 병에 담아 냉장 보관합니다.

마늘
고춧가루소스

🍯 1000ml   ⏱ 15분 + 3시간

고추장을 사용하지 않고 고춧가루를 숙성시켜 만들어 칼칼하면서도 깊은 맛이 나는 마늘고춧가루소스입니다. 두부조림, 떡볶이, 제육볶음, 닭볶음탕, 오징어볶음 등 다양하게 활용할 수 있는 만능소스라서 넉넉히 만들어 지인들에게 선물로 주기에도 좋답니다.

+ Ingredients

마늘고춧가루소스

다진 마늘 5T
고춧가루 2컵(400ml)
물 1/2컵(100ml)
다시마(5×5cm) 3장
진간장 500ml
설탕 1컵(200ml)
올리고당 3T
맛술 2T

생강가루 1T
식용유 1T

+ Cook's tip

• 실온에서 3시간 동안 숙성시킨 마늘고춧가루소스는 바로 냉장 보관합니다. 냉장으로 보관할 경우 두 달까지 보관할 수 있습니다.

1

재료를 준비합니다.

2

물에 다시마를 넣고 끓입니다. 물이 끓어
오르기 시작하면 중약불로 줄인 뒤 3분간
더 끓이고 다시마를 건져냅니다.

3

다시마육수에 진간장과 설탕, 올리고당,
맛술, 생강가루를 넣은 다음 끓어오르면
약불로 줄여 3분간 더 끓인 후 식힙니다.

4

중불로 달군 다른 팬에 식용유를 두르고
다진 마늘을 넣어 노릇하게 볶습니다.

5

3번의 육수에 4번의 볶은 마늘과 고춧가
루를 넣고 골고루 섞은 뒤, 실온에서 3시
간 정도 숙성하면 완성입니다.

PART 1.

두부로 만드는

따뜻한
집밥

두부 황태국

황태를 들기름에 볶아 뽀얗게 국물을 낸 두부 황태국은 몸보신으로
아주 좋은 메뉴입니다. 두부와 황태, 그리고 달걀을 풀어 풍성하게
담아내면 지쳐있던 심신이 단번에 회복돼요. 씹을수록 고소한 황태
와 부드러운 두부를 넉넉히 썰어 넣고 따뜻하게 즐겨보세요.

+ Ingredients

두부 황태국

두부 1모(300g)
황태채 50g
무 150g
대파 1/2대
들기름 1T
다진 마늘 2t
다시마물(p.19) 1L
달걀 1개

소금 약간
후추 약간
새우젓 1T

+ Cook's tip

- 황태채에 가시가 남아있을 수 있으니 미리 손질해 제거합니다.
- 다시마물은 가이드의 19p를 참고합니다.
- 달걀을 넣은 뒤에 수저로 휘젓지 말고 그대로 한소끔 끓여야 깔끔한 국물을 맛볼 수 있습니다.

1. 재료를 준비합니다.

2. 두부는 25등분으로 작게 깍둑썰기 합니다.

3. 황태채는 가시가 없도록 미리 손질하고 먹기 좋은 크기로 찢어 찬물에 1분간 불렸다가 물기를 제거합니다.

4. 대파는 어슷썰기, 무는 나박썰기하고 달걀은 풀어서 준비합니다.

5. 약불로 달군 냄비에 들기름을 두르고 불린 황태채와 무를 넣어 1분간 살짝 볶습니다.

6. 다시마물을 넣고 센불로 끓입니다. 국물이 끓기 시작하면 위로 올라오는 거품은 걷어내고 중불로 줄인 다음 뚜껑을 덮어 15분간 끓입니다.

7. 깍둑 썬 두부와 다진 마늘, 새우젓을 넣고 달걀을 살짝 돌려가며 부은 다음 3분간 더 끓입니다.

8. 대파를 넣고 소금과 후추로 간을 맞춘 뒤, 한소끔 더 끓이면 완성입니다.

두부 목살 찌개

특별한 재료 없이도 보글보글 맛있게 끓여 먹는 두부 목살찌개입니다. 얼큰한 국물과 함께 두부와 돼지고기, 채소들이 어우러져 냄비 가득 푸짐함이 느껴지는데요. 밑간한 돼지고기를 달달 볶아 육수를 부어 끓이면 어떤 조미료도 필요 없어요. 집에서는 물론 낚시나 캠핑 등 야외에서도 많은 사랑을 받는 찌개랍니다.

+ Ingredients

두부 목살찌개

두부 200g
돼지고기 150g
멸치다시마육수(p.20) 400ml
애호박 1/2개
양파 1/2개
대파 1/2대
청·홍고추 1개씩
고추장 1T
고춧가루 1T

새우젓 1t
식용유 약간
소금 1꼬집

돼지고기 밑간

매실액 1T
다진 마늘 1T
후추 약간

+ Cook's tip

- 돼지고기는 키친타월에 올려 핏물을 제거한 다음 사용합니다.
- 돼지고기가 들어간 찌개는 새우젓으로 간을 맞추는 것이 음식 궁합에도 좋고 감칠맛도 더 좋아집니다. 새우젓으로 간을 맞추고 부족한 간은 소금으로 보충합니다.
- 멸치다시마육수는 가이드의 20p를 참고합니다.

1. 재료를 준비합니다.

2. 돼지고기는 분량의 밑간 재료를 모두 넣고 조물조물 무쳐서 5분간 재웁니다.

3. 두부는 1.5cm 두께로 썰어둡니다.

4. 애호박은 1cm 두께로 반달썰기하고, 양파는 채 썰고, 청·홍고추와 대파는 어슷썰기해서 준비합니다.

5. 센불로 달군 냄비에 식용유를 약간 두르고 밑간한 돼지고기를 넣어 볶습니다.

6. 돼지고기가 익으면 멸치다시마육수와 고추장, 고춧가루, 새우젓을 넣고 센불에서 한소끔 끓입니다.

7. 두부와 애호박, 양파를 넣고 중불로 줄여 5분간 끓입니다. 이때 부족한 간은 소금으로 보충합니다.

8. 마지막으로 대파와 청·홍고추를 넣고 한소끔 더 끓이면 완성입니다.

바지락 순두부찌개

쌀쌀한 계절에 더욱 생각나는 바지락 순두부찌개는 국민찌개라 해도 과언이 아닌데요. 부드러운 순두부에 칼칼하고 시원한 국물을 맛보면 순식간에 밥 한 공기는 뚝딱 해치울 수 있어요. 저는 바지락만 넣어 만들었지만 취향에 따라 다양한 해산물을 넣어 즐겨보세요.

+ Ingredients

바지락 순두부찌개
순두부 1모(300g)
바지락 250g
멸치다시마육수(p.20) 400g
양파 1/2개
대파 1/2대
청 · 홍고추 1개씩
달걀 1개
고춧가루 1T
고추기름 2T

양념
새우젓 1t
소금 1꼬집
맛술 2T
다진 마늘 1/2T
후추 약간

바지락 해감
물 500ml
굵은 소금 1T

+ Cook's tip

• 바지락은 미리 해감해두는 것이 좋습니다. 해감할 때는 분량의 소금물에 바지락을 넣어 검은 비닐봉지나 신문 등으로 덮은 다음 최소 1시간에서 6시간 정도 담가두면 됩니다.

• 멸치다시마육수는 가이드의 20p를 참고합니다.

• 순두부를 찌개에 넣을 때는 적당한 크기로 자르거나 숟가락으로 떠서 으깨지지 않도록 살살 넣습니다.

1. 재료를 준비합니다.

2. 바지락을 해감용 소금물에 넣고 검은 비닐봉지로 감싸 충분히 해감합니다.

3. 순두부는 적당한 크기로 자른 뒤, 키친타월에 올려 물기를 제거합니다.

4. 양파는 다지고, 청·홍고추와 대파는 어슷썰기 해 준비합니다.

5. 약불로 달군 뚝배기에 고추기름과 고춧가루, 양파, 바지락을 넣고 볶습니다.

6. 바지락이 살짝 입을 벌리기 시작하면 멸치다시마육수를 붓고 센불에서 5분간 끓입니다.

7. 바지락이 모두 입을 벌리면 분량의 양념 재료와 순두부, 청·홍고추, 대파를 넣고 중불로 줄여 5분간 끓입니다.

8. 5분 뒤 불을 끄고 달걀을 넣으면 완성입니다.

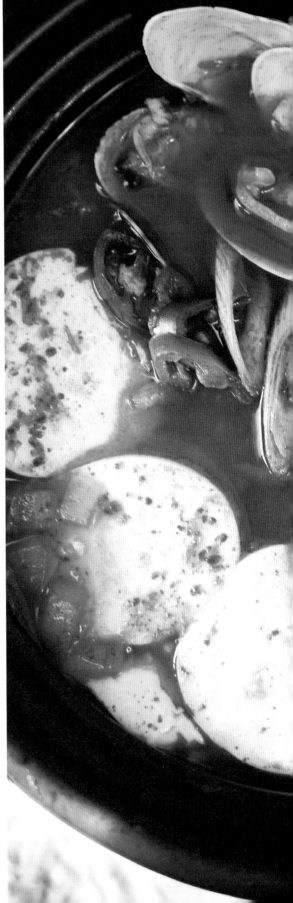

두부 달걀탕

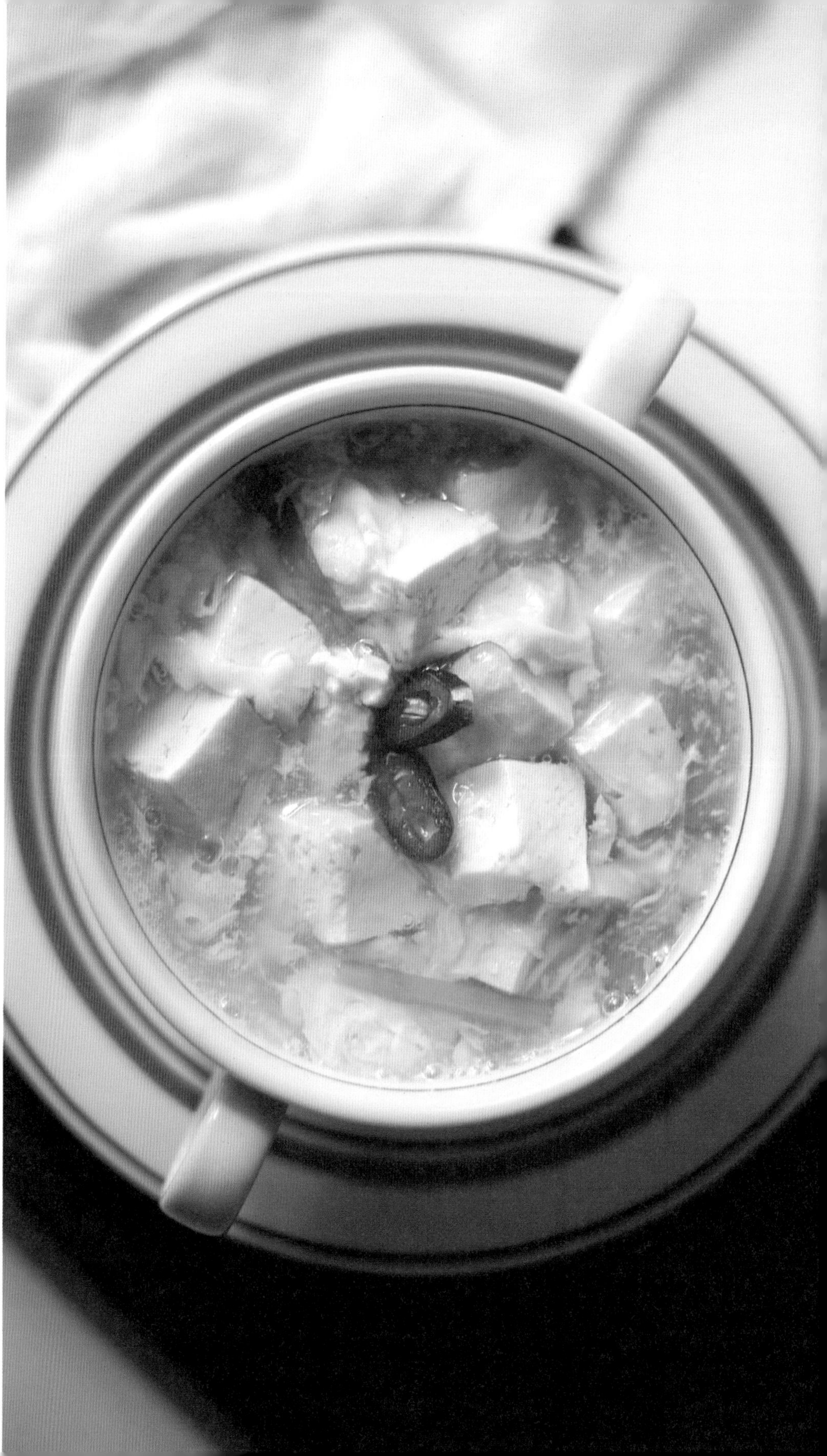

몽글몽글한 달걀과 부드러운 두부에 국간장으로만 간을 맞춰 담백
하고 따뜻한 요리입니다. 식사와 함께하는 탕으로 드셔도 좋지만
다이어트 중이라면 한 끼 식사로도 충분히 든든합니다.

+ Ingredients ─────────────────────────────────

두부 달걀탕

두부 300g
전분가루 3T
멸치다시마육수(p.20) 600ml
국간장 1T
다진 마늘 1t
달걀 2개
홍고추 1/2개
쪽파 3대
참기름 1t

소금 약간
후추 약간

+ Cook's tip ─────────────────────────────────

• 두부에 전분가루를 입히면 두부의 식감이 더 부드러워지고 국물의 농도가 진해져 목 넘김이 좋은 국물요리
　가 됩니다. 이 과정이 번거롭다면 홍고추와 쪽파를 넣기 전에 전분물(전분가루 : 물 = 1 : 1)을 한 숟가락씩 떠
　넣으며 농도를 맞춰도 좋습니다.

• 달걀을 넣은 다음 휘젓지 말고 그대로 익혀야 깨끗한 국물을 만들 수 있습니다.

• 멸치다시마육수는 가이드의 20p를 참고합니다.

1. 재료를 준비합니다.

2. 두부는 사방 1.5cm 크기로 깍둑썰기 합니다.

3. 깍둑썰기 한 두부를 전분가루에 굴려 전분옷을 입힙니다.

4. 달걀에 소금과 후추를 넣어 풀고, 홍고추는 어슷썰기, 쪽파는 3cm 길이로
   자릅니다.

5. 냄비에 멸치다시마육수와 국간장을 넣고 센불로 끓이다가 다진 마늘을 넣습니다.

6. 국물이 끓어오르기 시작하면 중불로 줄이고 달걀물을 냄비 가장자리쪽으로 돌려가며 넣습니다.

7. 달걀이 익으면 전분옷을 입힌 두부를 넣고 한소끔 끓입니다.

8. 마지막으로 홍고추와 쪽파를 넣고 다시 한 번 한소끔 끓인 다음, 불을 끄고 참기름을 두르면 완성입니다.

두부강된장

으깬 두부와 버섯을 비롯한 갖은 채소를 잘게 다져 넣고 된장을 넉넉히 넣어 되직하게 끓여낸 두부강된장입니다. 입맛 없을 때 밥에 쓱쓱 비벼 먹으면 집 나간 입맛도 돌아올 정도인데요. 쌈과도 잘 어울리고 생채소와 함께 비빔밥을 만들어 먹어도 좋습니다.

+ Ingredients

두부강된장
두부 150g
양파 1/2개
애호박 1/4개
새송이버섯 1개
대파 1대
참기름 1T
다진 마늘 1T
멸치다시마육수(p.20) 1컵
청·홍고추 1개씩

된장양념
된장 3T
고춧가루 1T
꿀 2t

+ Cook's tip

- 조금 더 든든하게 즐기고 싶다면 소고기 다짐육을 넣어 만들어도 좋습니다.
- 봄철에 냉이나 돌나물과 함께 비빔밥으로 만들면 훌륭한 한 끼를 즐길 수 있습니다.
- 멸치다시마육수는 가이드의 20p를 참고합니다.

1. 재료를 준비합니다.

2. 두부는 칼의 옆면을 이용해 대충 으깹니다.

3. 양파와 애호박, 새송이버섯은 작게 깍둑썰기 하고, 대파는 반으로 자른 뒤 다집니다. 청·홍고추는 송송 썰어둡니다.

4. 냄비에 참기름을 두르고 양파와 애호박, 대파, 다진 마늘을 넣어 중불에서 양파가 투명해질 때까지 충분히 볶습니다.

5. 분량의 된장양념과 으깬 두부, 새송이버섯을 넣고 2분간 볶습니다.

6. 멸치다시마육수를 붓고 바글바글 끓이며 원하는 만큼 졸입니다.

7. 마지막으로 송송 썬 청·홍고추를 넣고 한소끔 더 끓이면 완성입니다.

두부조림

도톰하게 썰어 기름에 부친 고소한 두부부침을 달콤하고 짭조름한 양념에 조렸습니다. 한 번 부쳐서 조려 쫀득한 식감을 가진 두부 조림을 따뜻한 밥 위에 올리면 밥도둑이 따로 없는데요. 여러 가지 반찬이 필요 없는 든든한 효자반찬이랍니다.

+ Ingredients

두부조림

두부 1.5모(450g)
양파 1개
대파 1/2대
소금 약간
후추 약간
다시마물(p.19) 1컵
식용유 약간
쪽파 1대
통깨 약간

양념장

고추장 1t
고춧가루 2T
진간장 2T
설탕 1T
맛술 1T
다진 마늘 1/2T
참기름 2t

+ Cook's tip

• 두부를 부칠 때는 처음엔 센불로 부치다가 점차 중불로 줄여가며 타지 않게 부칩니다.

• 양념을 넣고 조릴 때는 숟가락을 이용해 양념을 두부에 끼얹어주는 것이 좋습니다.

• 국물을 완전히 조리지 말고 자작하게 남겨야 끝까지 촉촉하게 드실 수 있습니다.

• 다시마물은 가이드의 19p를 참고합니다.

1. 재료를 준비합니다.

2. 두부는 세로로 한 번 자르고, 가로로 2cm 두께로 먹기 좋게 자릅니다.

3. 자른 두부는 키친타월에 올려 물기를 제거하고, 소금과 후추를 살짝 뿌려 밑간합니다.

4. 양파는 채 썰고, 대파는 어슷썰기 합니다. 쪽파는 송송 썰어 준비합니다.

5. 센불로 달군 팬에 식용유를 두르고 밑간한 두부를 올려 앞뒤로 노릇하
   게 구운 뒤 체에 밭쳐 기름을 제거합니다.

6. 팬에 양파와 대파를 넣고 기름을 제거한 두부부침을 올립니다.

7. 두부부침 위에 분량의 양념장 재료를 모두 섞어 올리고 다시마물을 부어
   센불로 끓입니다.

8. 양념이 끓어오르기 시작하면 중불로 줄이고 숟가락으로 양념을 두부부
   침에 끼얹어가며 5분간 끓인 다음, 쪽파와 통깨를 뿌리면 완성입니다.

두부장아찌

조금은 생소할 수 있는 두부장아찌는 마땅한 반찬이 없을 때 효자 반찬이 되어주는 달콤짭조름한 별미입니다. 두부를 들기름에 구워 고소한 풍미와 함께 폭신한 식감을 뽐내는 두부장아찌는 개운하면서도 깔끔해 한번 맛보면 계속 만들게 될 거예요.

+ Ingredients

두부장아찌
두부 500g
청·홍고추 1개
들기름 2T

조림장
물 400ml
간장 150ml
설탕 3T
맛술 2T
다시마(5×5cm) 1조각
마늘 3톨
편생강 2조각
대파 1/3대
양파 1/2개

+ Cook's tip

• 두부장아찌는 만든 후 2~3시간 뒤부터 바로 먹을 수 있으며 일주일 정도 보관이 가능합니다. 하지만 열흘이 넘어가면 상할 수 있으므로 대량으로 만들어두는 것보다 그때그때 만들어 드시는 것이 좋습니다.

1. 재료를 준비합니다.

2. 두부는 2cm 두께로 먹기 좋게 자른 다음 키친타월에 올려 물기를 제거합니다.

3. 중불로 달군 팬에 들기름을 두르고 두부를 앞뒤로 노릇하게 부칩니다.

4. 두부부침은 키친타월에 올려 기름기를 제거하고 식혀둡니다.

5. 청·홍고추를 송송 썰어 준비합니다.

6. 냄비에 분량의 조림장 재료를 모두 넣고 중불로 끓입니다. 조림장이 팔팔 끓어오르면 약불로 줄이고 5분간 더 끓입니다.

7. 저장용기에 4번의 두부부침을 넣고 뜨거운 조림장을 바로 붓습니다.

8. 그 위에 송송 썬 청·홍고추를 넣고 조림장을 완전히 식히면 완성입니다. 완성된 두부 장아찌는 뚜껑을 덮어 냉장실에서 2~3시간 정도 숙성한 뒤 먹으면 됩니다.

두부구이 & 달래장

고소한 두부구이에 봄 향기 가득한 달래장을 곁들였습니다. 톡 쏘는 매운맛과 특유의 향이 있는 달래는 다량의 칼슘을 포함하고 있음은 물론 원기회복에 좋은 식품으로 알려져 있는데요. 두부구이에 3~4월이 제철인 달래를 이용한 달래장으로 봄기운 가득한 식탁을 차려보세요.

+ Ingredients

두부구이
두부 1모(300g)
전분가루 3T
달걀 1개
소금 약간
후추 약간
식용유 약간

달래장
달래 30g
청·홍고추 1개씩
물 1T
진간장 3T
참기름 1T
들기름 1t
설탕 1t
다진 마늘 1/2T
통깨 약간

+ Cook's tip

• 달래의 뿌리 부분을 칼등으로 으깬 후 썰면 진한 달래 향을 느낄 수 있습니다.

1. 재료를 준비합니다.

2. 두부는 1.5cm 두께로 잘라 키친타월에 올려
   물기를 제거하고, 소금과 후추를 뿌려 밑간
   합니다.

3. 달래는 깨끗이 씻은 후 뿌리 부분을 칼등으
   로 눌러 살짝 으깬 다음, 2~3cm 길이로 자
   릅니다.

4. 청 · 홍고추는 잘게 다집니다.

5. 손질한 달래와 청 · 홍고추를 포함한 분량의
   달래장 재료를 모두 볼에 넣고 골고루 섞어
   달래장을 만듭니다.

6. 밑간한 두부에 전분가루–달걀 순으로 튀김
   옷을 입힙니다.

7. 중불로 달군 팬에 식용유를 두르고 튀김옷을
   입힌 두부를 노릇하게 굽습니다.

8. 두부부침에 5번에서 만든 달래장을 올리면
   완성입니다.

두부 톳무침

철분과 칼슘, 칼륨의 함량이 풍부해 빈혈 환자나 혈압이 높은 사람에게 도움이 되는 톳는 무침이나 샐러드로 많이 먹는 해초인데요. 칼로리가 낮은 톳과 포만감을 주는 두부를 최소한의 양념으로 담백하게 무쳤습니다. 반찬은 물론 건강한 다이어트 식품으로도 아주 좋아요.

+ Ingredients ─────────────────────────

두부 톳무침
두부 1/2모(150g)
톳 150g

양념
참기름 1/2T
소금 1t
다진 마늘 1t
통깨 약간

+ Cook's tip ─────────────────────────

· 톳은 구입 후 냉장 보관하여 3일 이내에 드시는 것이 좋습니다.
· 톳은 흐르는 물에 여러 번 깨끗이 씻어 불순물을 완전히 제거한 다음 사용합니다.

1. 재료를 준비합니다.

2. 톳은 깨끗이 씻은 다음 30분간 물에 담가 염분을 제거합니다.

3. 끓는 물에 톳을 넣고 5분간 데칩니다.

4. 데친 톳은 바로 찬물에 헹굽니다.

5. 면포에 톳을 넣고 물기를 꽉 짭니다. 톳에 물기를 최대한 없애야 깔끔한 무침을 만들 수 있습니다.

6. 물기를 제거한 톳을 먹기 좋은 크기로 자릅니다.

7. 두부도 면포에 넣고 물기를 꽉 짜면서 으깹니다. 톳과 마찬가지로 물기를 최대한 없애는 게 좋습니다.

8. 볼에 두부와 톳을 넣은 다음 분량의 양념 재료를 모두 넣어 조물조물 무치면 완성입니다.

두부김치

매콤달콤하게 볶은 아삭한 김치와 갓 데쳐낸 따뜻한 두부, 만들기도 간단하고 정이 느껴지는 두부김치입니다. 반찬으로도 훌륭하지만 술안주로도 아주 좋은 두부김치는 언제나 부담 없이 즐길 수 있는 메뉴입니다.

+ Ingredients

두부김치
두부 1모(300g)
묵은지 250g
양파 1/2개
대파 1/3대
식용유 약간
참기름 1T
소금 약간
통깨 약간
검은깨 약간

김치볶음양념
김칫국물 2T
고춧가루 1T
물 100ml
설탕 2t
다진 마늘 1/2T
후추 약간

+ Cook's tip

• 돼지고기를 소금과 후추로 밑간해두었다가 김치와 함께 볶아도 좋습니다.

• 김치에 신맛이 너무 강하다면 설탕을 조금 더 넣으면 됩니다.

• 완성된 두부김치에 통깨와 검은깨를 올려 장식하면 손님 초대 음식으로도 손색이 없습니다.

1. 재료를 준비합니다.

2. 묵은지를 먹기 좋은 크기로 자릅니다.

3. 양파는 채 썰고, 대파는 어슷썰기 합니다.

4. 냄비에 두부를 넣고 두부가 잠길 때까지 물을 부은 뒤 소금을 넣고 센
   불로 끓입니다. 물이 끓어오르면 중불로 줄이고 2분간 데칩니다.

5. 데친 두부를 키친타월이나 면포에 올려 물기를 제거한 다음 먹기 좋은
크기로 자릅니다.

6. 중불로 달군 팬에 식용유를 두르고 채 썬 양파를 넣은 다음 1분간 볶습
니다.

7. 적당히 자른 묵은지와 분량의 김치볶음양념 재료를 모두 넣고 중약불
로 5분간 볶습니다.

8. 김치볶음양념이 졸아들면 대파와 참기름을 넣고 한 차례 볶은 다음,
5번에서 준비한 두부와 함께 담으면 완성입니다.

두부두루치기

자작하게 졸아든 양념과 부드러운 두부의 꿀 조합! 고추장을 살짝 섞은 양념장에 먹기 좋게 썬 두부를 넣고 보글보글 끓여 만든 두부 두루치기는 밥 위에 얹어 덮밥으로 만들면 훌륭한 한 그릇 메뉴가 됩니다.

+ Ingredients

두부두루치기
두부 1모(300g)
멸치다시마육수(p.20) 300ml
양파 1개
쪽파 3대
청 · 홍고추 1개씩
통깨 약간

양념장
고추장 1T
고춧가루 2T
진간장 2T
맛술 1T
다진 마늘 1/2T
다진 파 2T
참기름 1t

+ Cook's tip

- 국물이 자작하게 남아있어야 맛있는 두부두루치기가 됩니다. 양념장이 너무 졸아들지 않게 10분 안으로 끓여 마무리하는 것이 좋습니다.
- 멸치다시마육수는 가이드의 20p를 참고합니다.

1. 재료를 준비합니다.

2. 두부는 1.5cm 두께로 자릅니다.

3. 양파는 채 썰고, 쪽파와 청·홍고추는 송송 썹니다.

4. 바닥이 평평한 뚝배기에 양파를 깔고 그 위에 두부를 돌려 담습니다. 그다음 가운데에 양념장을 올리고 멸치다시마육수를 부어 센 불에서 끓입니다.

5. 육수가 끓기 시작하면 중불로 줄이고 숟가락으로 가운데의 양념을 두부에 골고루 뿌려가며 5분간 끓입니다.

6. 끓으면서 떠오르는 거품은 모두 걷어냅니다.

7. 양념이 자작하게 졸아들기 시작하면 청·홍고추를 넣고 한소끔 더 끓입니다.

8. 양념이 적당히 졸면 불을 끄고 쪽파와 통깨를 뿌리면 완성입니다.

마파두부

중국 사천지방에서 유래된 마파두부는 매콤하면서도 톡 쏘는 두반
장이 매력적인 중국식 두부요리입니다. 우리나라에서는 덮밥으로
많이 즐기는데요. 입맛이 없을 때 만들어 먹으면 밥 한 그릇은 순
식간에 비울 수 있는 풍미 있는 밥도둑입니다.

+ Ingredients

마파두부
두부 300g
다진 돼지고기 150g
청 · 홍고추 1개씩
대파 1/2대
다진 마늘 1T
부추 2~3줄
물 200ml
고추기름 2T
소금 약간

양념
두반장 1.5T
굴소스 1/2T
다진 마늘 1T
맛술 1T
설탕 1t
진간장 1t
생강가루 1/4t

전분물
전분가루 2T
물 2T

+ Cook's tip

- 단단한 부침용 두부보다는 찌개용 두부를 사용하는 것이 조리하기도 편하고 부드럽게 드실 수 있습니다.
- 더욱 부드러운 식감의 마파두부를 만들고 싶다면 연두부를 사용하면 됩니다. 하지만 연두부의 경우 쉽게 부서져 조리가 어려울 수 있습니다.

1. 재료를 준비합니다.

2. 두부를 사방 1.5cm 크기로 깍둑썰기 합니다.

3. 깍둑 썬 두부를 냄비에 넣고 두부가 잠길 정도로 물을 부은 뒤, 소금을
   넣어 1분간 데칩니다. 데친 두부는 체에 밭쳐 물기를 제거합니다.

4. 청 · 홍고추, 대파, 부추는 각각 송송 썰어 준비합니다.

5. 약불로 달군 팬에 고추기름을 두른 다음 대파와 다진 마늘을 넣고 볶아
   기름을 냅니다.

6. 파의 숨이 죽으면 다진 돼지고기와 분량의 양념 재료를 모두 넣고 중불
   로 올려 볶습니다.

7. 돼지고기가 익으면 물을 붓고 1분간 끓인 뒤, 전분물을 한 숟가락씩 떠
   넣으면서 농도를 맞춥니다.

8. 데친 두부와 청·홍고추를 넣고 골고루 섞은 뒤 불을 끄고 접시에 담아
   부추를 올리면 완성입니다.

두부 크림카레

양파와 당근을 볶아 곱게 갈고, 우유를 넣어 부드럽게 만든 크림 카레는 이국적인 맛과 함께 풍부하고 크리미한 느낌의 풍미 가득한 카레입니다. 매번 만드는 카레가 조금 지겹다면 부드러운 두부를 사용해 크림카레를 만들어보세요.

+ Ingredients

두부 크림카레

두부 300g
고형카레 2조각
양파 1개
당근 1/2개
마늘 2톨
우유 300ml
물 300ml
버터 1T

파슬리가루 약간
식용유 적당량

+ Cook's tip

- 핸드믹서가 없는 경우 일반 믹서를 사용하면 됩니다. 단, 일반 믹서는 뜨거운 식재료를 넣고 작동할 경우 폭발할 위험이 있으니 식혀서 갈도록 합니다.
- 기호에 따라 두부를 기름에 한 번 굽거나 얼린 두부를 활용해 만들어도 좋습니다.

1. 재료를 준비합니다.

2. 냄비에 두부를 넣고 두부가 잠길 정도로 물을 부어 끓입니다. 물이 끓기
   시작하면 2분간 데칩니다.

3. 데친 두부는 사방 1.5cm 크기로 깍둑썰기 한 다음 키친타월에 올려 물기를
   제거합니다.

4. 양파와 당근은 채 썰고, 마늘은 편으로 썰어 준비합니다.

5. 편으로 썬 마늘을 식용유를 넉넉히 두른 팬에 넣고 튀기듯 구워 바삭한 마늘칩을 만듭니다.

6. 냄비에 식용유를 두르고 채 썬 양파를 넣어 볶다가 양파가 투명해지면 버터를 넣고 볶습니다. 양파가 갈색으로 변할 때까지 중약불에서 10~15분간 볶으면 됩니다.

7. 양파가 갈색으로 변하면 채 썬 당근을 넣고 3분간 더 볶습니다.

8. 당근이 익으면 물을 넣고 3분간 끓입니다.

9. 3분 뒤, 핸드믹서를 사용해 익은 채소들을 곱게 갈아줍니다.

10. 간 채소에 고형카레를 넣고 골고루 섞어 뭉친 부분이 없도록 잘 풉니다.

11. 카레가 완전히 풀리면 우유를 넣고 한소끔 끓입니다.

12. 카레에 3번에서 데친 두부를 넣고 골고루 섞으면 완성입니다. 완성된
    두부 크림카레는 그릇에 옮겨 5번에서 만든 마늘칩과 파슬리가루를
    뿌리면 됩니다.

두부 소보로 덮밥

간단하게 만들어 먹을 수 있는 한 그릇 요리입니다. 파인애플을 넣어 상큼한 맛을 더하고 파프리카와 쪽파로 알록달록한 색감을 표현해 두부를 좋아하지 않는 아이들도 거부감 없이 잘 먹을 거예요.

+ Ingredients ──────────────────

두부 소보로덮밥
두부 150g
통조림 파인애플 1조각(70g)
대파 1/2대
빨강 파프리카 1/4개
쪽파 2~3대
식용유 약간

밥 1공기

양념
굴소스 1T
진간장 1t
통조림 파인애플소스 2T

+ Cook's tip ──────────────────

• 두부에 물기가 있으면 소보로가 질척해져 전체적인 맛을 떨어뜨리므로 물기를 최대한 제거해 고슬고슬하게 만듭니다.

1. 재료를 준비합니다.

2. 두부는 면포로 감싸 최대한 물기를 제거하며 으깹니다.

3. 대파와 쪽파는 송송 썰고 파프리카는 잘게 깍둑썰기 합니다.

4. 파인애플은 2cm 크기로 자릅니다.

5. 팬에 식용유를 두르고 대파를 먼저 볶아 파 기름을 냅니다.

6. 파의 숨이 죽으면 으깬 두부를 넣고 센불이나 중불에서 골고루 볶아 수분을 날립니다.

7. 두부가 고슬고슬해지면 파프리카와 분량의 양념 재료를 모두 넣고 1분간 볶습니다.

8. 마지막으로 파인애플을 넣고 한 번 더 볶은 다음 밥 위에 올려 쪽파로 장식하면 완성입니다.

매콤 순두부 가지덮밥

매콤한 양념을 곁들인 가지에 부드러운 순두부를 더하면 가지 특유의 식감과 순두부의 보들보들하고 촉촉한 식감이 어우러져 입맛 돋우는 훌륭한 한 그릇 식사가 됩니다. 마땅한 반찬이 없을 때 간단히 만들어보세요.

+ Ingredients ────────────────────────────

매콤 순두부 가지덮밥

순두부 200g
가지小 1개
청 · 홍고추 1/2개씩
실파 1~2줄
다진 마늘 1T
통깨 약간
고추기름 약간
후추 약간

밥 1공기

양념

두반장 1T
굴소스 1t
고춧가루 1T
설탕 2t
맛술 1T
물 1/2컵(100ml)

+ Cook's tip ────────────────────────────

• 강한 매운맛을 원한다면 청양고추를 넣어도 좋습니다.
• 순두부를 넣은 후에는 휘젓지 않고 그대로 끓여 마무리하는 것이 보기에도 좋고 식감도 좋습니다.

1. 재료를 준비합니다.

2. 가지는 반으로 잘라 도톰하게 어슷썰기 하고, 청·홍고추도 어슷썰기, 실파는 송송 썰어 준비합니다.

3. 팬에 고추기름을 두르고 다진 마늘을 넣어 살짝 볶습니다.

4. 가지를 넣고 중불 이상에서 30~40초 정도 재빨리 볶습니다.

5. 분량의 양념 재료를 모두 넣고 1분간 보글보글 끓입니다.

6. 숟가락을 이용해 순두부를 큼직하게 떠 넣고 청·홍고추를 넣어 한소끔 끓입니다. 그다음 밥 위에 올리고 실파와 통깨, 후추를 뿌리면 완성입니다.

PART 2.

두부로 만드는

초대요리

연두부샐러드

부드럽고 촉촉한 연두부에 어린잎채소와 토마토, 아몬드를 올려 발사믹드레싱을 곁들인 연두부샐러드입니다. 식욕을 돋우는 화려한 색감 때문에 전채 요리로 준비하면 아주 좋은데요. 두부의 단백질과 저칼로리의 토마토가 어우러져 건강하게 즐길 수 있답니다.

+ Ingredients

연두부샐러드
연두부 1모(300g)
방울토마토 5〜6개
어린잎채소 1줌
아몬드 1줌

발사믹드레싱
올리브유 2T
발사믹글레이즈 2T
올리고당 1T
소금 1꼬집
후추 약간

+ Cook's tip

- 연두부의 물기를 미리 제거해 드레싱에 물기가 섞여 들어가 싱거워지지 않도록 하는 것이 중요합니다.
- 어린잎채소 대신 루꼴라나 치커리 등 향이 좋은 채소를 사용해도 좋습니다.
- 발사믹글레이즈가 없다면 발사믹식초를 사용해도 좋습니다.

1. 재료를 준비합니다.

2. 연두부는 면포에 올려 물기를 제거합니다.

3. 어린잎채소는 찬물에 담가 깨끗이 헹군 뒤
   물기를 제거합니다.

4. 방울토마토는 4등분으로 자릅니다.

5. 아몬드는 굵게 다집니다. 아몬드슬라이스를
   사용해도 좋습니다.

6. 접시에 연두부-어린잎채소-방울토마토-아
   몬드 순으로 올리고 먹기 직전 분량의 발사믹
   드레싱 재료를 모두 섞어 부으면 완성입니다.

두부 치커리샐러드

간단한 조리방법에 비해 고급스러운 맛과 비주얼을 자랑하는 두부 치커리샐러드입니다. 바삭하게 구운 두부에 신선한 치커리와 래 디시, 고소한 아몬드와 상큼한 드레싱이 어우러져 든든하면서도 칼로리 부담 없이 먹을 수 있습니다.

+ Ingredients

두부 치커리샐러드

두부 300g
치커리 1줌
래디시 1개
아몬드슬라이스 1줌
소금 약간
후추 약간
식용유 약간

드레싱

간장 2T
설탕 1T
매실액 1T
식초 1T
다진 마늘 1t
참기름 1t

+ Cook's tip

- 전분가루나 부침가루를 사용하지 않고 그냥 두부만 구우면 더욱 담백하면서도 드레싱을 올려도 눅눅한 느낌 없이 촉촉하게 드실 수 있습니다.
- 아몬드 이외에 좋아하는 견과류를 굵게 다져서 사용해도 좋습니다.

1. 재료를 준비합니다.

2. 두부는 막대 모양으로 자른 다음 키친타월에
   올려 물기를 제거하고, 소금과 후추를 뿌려
   밑간합니다.

3. 치커리는 2등분으로 자르고, 래디시는 얇게
   슬라이스합니다.

4. 센불로 달군 팬에 식용유를 두르고 밑간한
   두부를 넣어 사방을 노릇노릇하게 튀기듯 굽
   습니다.

5. 접시에 구운 두부와 치커리, 래디시를 담고
   아몬드슬라이스를 골고루 뿌린 다음, 먹기
   바로 직전에 분량의 드레싱 재료를 모두 섞
   어 부으면 완성입니다.

아게다시도후

깔끔하면서도 달콤한 맛이 일품인 일본의 대표 두부요리, 아게다
시도후입니다. 일본식 두부튀김으로 겉은 바삭하고 속은 부드러운
아게다시도후는 고명과 함께 촉촉한 간장소스에 흠뻑 적셔 먹는데
요. 한 입 한 입 먹을 때마다 여유로운 기분이 드는 음식입니다.

+ Ingredients

아게다시도후
두부 500g
가쓰오부시 1줌
쪽파 2대
김(10×10cm) 2장
무(5cm) 1조각
전분가루 5T
소금 약간
후추 약간
식용유 적당량

육수
물 1컵
다시마(5×5cm) 1조각
가쓰오부시 1줌

소스
간장 3T
맛술 2T
설탕 1T

+ Cook's tip

• 고온에서 튀겨야 하기 때문에 두부는 미리 누름돌이나 무게가 있는 접시로 눌러 물기를 충분히 제거합니다.

• 갓 튀겨낸 따뜻한 두부를 간장소스에 촉촉하게 적셔먹는 음식이기 때문에 먹기 직전에 조리하는 것이 좋습
니다.

1. 재료를 준비합니다.

2. 두부는 4등분으로 자른 뒤 키친타월에 올려 물기를 제거하고, 소금과
   후추로 밑간합니다.

3. 물에 다시마를 넣고 센불로 끓이다가 물이 끓어오르면 중불로 줄여
   2분간 더 끓인 후 불을 끄고 다시마를 건져냅니다.

4. 나시마물에 가쓰오부시를 넣고 3분간 우린 후 제에 밭쳐 맑은 육수만
   걸러냅니다.

5. 육수에 분량의 소스 재료를 모두 넣고 중불로 1분간 끓여 간장소스를 만듭니다.

6. 무는 곱게 간 다음 체에 밭쳐 물기를 제거합니다. 쪽파는 송송 썰고, 김은 얇고 길게 자릅니다.

7. 2번에서 물기를 빼고 밑간한 두부에 전분가루를 골고루 묻힌 다음, 180℃로 달군 식용유에 사방을 골고루 튀깁니다.

8. 접시에 간장소스를 붓고 튀긴 두부와 무, 가쓰오부시, 김가루, 쪽파를 올리면 완성입니다.

두부초밥

짭조름하게 조린 두부를 초밥 위에 올려 한입 크기로 만든 두부초밥입니다. 재료에 대한 부담이 적어서 가볍게 한 끼를 해결할 수 있고, 특별한 날 손님 초대 음식으로도 손색이 없어요. 식어도 맛있으니 미리 만들어두었다가 대접해도 좋습니다.

+ Ingredients

두부초밥
두부 130g
밥 1공기
와사비 1T
김(두께 0.7cm) 10줄
소금 약간
후추 약간
식용유 약간

초밥물(단촛물)
식초 2T
설탕 1/2T
소금 2꼬집

조림장
물 100ml
간장 2T
올리고당 1t
맛술 2T
굴소스 1/3T
생강가루 1꼬집

+ Cook's tip

• 두부를 조릴 때는 조림장이 거의 졸아들어 윤기가 날 때까지 조리는 게 좋습니다.
• 조리고 남은 조림장을 플레이팅 할 때 초밥 위에 살짝 덧바르면 더욱 먹음직스럽게 연출할 수 있습니다.

1. 재료를 준비합니다.

2. 두부는 키친타월에 올려 물기를 제거하고, 소금과 후추를 뿌려 밑간합니다.

3. 중불로 달군 팬에 식용유를 두르고 두부의 네 면을 골고루 굽습니다.

4. 소스팬에 분량의 조림장 재료를 모두 넣고 센불에서 끓입니다.

5. 조림장이 끓어오르면 구운 두부를 넣어 중불로 조립니다. 조림장이 거의 다 졸아들면서 두부에 잘 배고 윤기가 날 때까지 조립니다.

6. 조린 두부는 한 김 식힌 다음 1.2~1.5cm 두께로 썰어줍니다.

7. 밥에 초밥물을 넣고 골고루 섞어 초밥을 만듭니다. 이때 밥알이 으깨지지 않도록 살살 섞습니다.

8. 초밥을 한입 크기로 만들어 와사비를 살짝 올립니다. 그 위에 조린 두부를 얹고 김으로 감싼 다음, 5번에서 조리고 남은 조림장을 살짝 덧바르면 완성입니다.

두부 애호박롤

화려한 색감은 물론 건강까지 고려한 손님 초대 음식, 두부 애호박롤입니다. 부드럽고 폭신한 식감의 두부와 아삭하게 씹히는 채소가 어우러져 기분 좋은 느낌을 주는데요. 깔끔하고 정갈한 상차림으로 격식 있는 자리에도 참 잘 어울리는 음식입니다.

+ Ingredients ————————————————————

두부 애호박롤
두부 1/2모(150g)
애호박 1개
오이(5cm) 1개
당근(5cm) 1개
달걀 2개
해바라기씨 1줌
간장 1T
소금 약간
후추 약간
식용유 약간

겨자소스
물 2T
설탕 1T
연겨자 1T
식초 1T
진간장 1/2T

+ Cook's tip ————————————————————

- 식어도 맛에 변화가 크게 없는 메뉴입니다. 손님 초대가 있는 날, 여러 가지 음식을 준비해야 한다면 미리 만들어두어도 좋습니다.
- 완성된 두부 애호박롤은 그냥 먹어도 맛있지만 겨자소스를 만들어 찍어 먹으면 더욱 맛있게 즐길 수 있습니다.

1. 재료를 준비합니다.

2. 두부는 8등분으로 자르고 키친타월에 올려 물기를 제거한 다음, 소금
   과 후추로 밑간합니다.

3. 애호박은 필러나 채칼을 이용해 얇게 저미고, 소금과 후추를 살짝 뿌려
   밑간합니다.

4. 중불로 달군 팬에 식용유를 두르고 밑간한 두부를 노릇하게 구워 한 김
   식힙니다. 식은 두부는 세로로 반을 잘라 간장을 뿌려둡니다.

5. 오이와 당근은 채 썰고, 해바라기씨는 굵게 다집니다.

6. 달걀은 흰자와 노른자로 나눠 각각 지단을 부친 뒤 채 썰어줍니다.

7. 중약불로 달군 그릴팬에 식용유를 두르고 키친타월로 살짝 닦아낸 후, 밑간한 애호박을 그릴 모양을 살려 굽습니다.

8. 구운 애호박에 두부, 당근, 오이, 달걀지단을 올려 돌돌 만 다음, 접시에 담고 다진 해바라기씨를 뿌리면 완성입니다.

통두부구이

두부를 통으로 구워 칼칼한 양념장을 뿌리고 파채와 무순을 올려 먹는 통두부구이입니다. 입맛을 돋우는 비주얼은 물론 든든하게 속을 채울 수 있어 채식을 즐기는 분께 아주 인기가 많은데요. 고기 못지않은 풍미를 가진 통두부구이는 가벼운 술안주로도 제격이에요.

+ Ingredients

통두부구이
두부大 1모(500g)
대파 흰 부분 1/2대
무순 1줌
청·홍고추 1개씩
식용유 적당량

양념장
간장 3T
설탕 1T
고춧가루 1T
참기름 1T
다진 마늘 1T
통깨 1T
후추 약간

+ Cook's tip

• 특별히 조리과정이 어렵지는 않지만 두부 네 면을 모두 구워야 하기 때문에 시간이 조금 소요됩니다. 여유를 두고 요리하는 것이 좋습니다.

• 두부구이의 기름기가 신경 쓰인다면 구운 두부를 뜨거운 물에 살짝 담갔다 물기를 제거하면 됩니다.

• 두부를 통으로 구웠기 때문에 두부에 칼집을 내야 양념장이 두부 안으로 스며들어 간이 뱁니다.

1. 재료를 준비합니다.

2. 두부는 키친타월로 감싸 물기를 충분히 제거합니다.

3. 중불로 달군 팬에 식용유를 두르고 물기를 제거한 두부를 올려 네 면이 모두 노릇해지도록 골고루 튀기듯 굽습니다.

4. 대파는 반으로 길게 가른 다음 돌돌 말아 채 썰고, 찬물에 10분 정도 담가 매운맛을 뺍니다.

5. 무순은 찬물에 담갔다가 흐르는 물에 살짝 헹군 뒤 물기를 털어 준비합니다.

6. 청·홍고추는 잘게 다져 분량의 양념장 재료와 함께 잘 섞어줍니다.

7. 구운 통두부는 아래쪽을 2cm 정도 남겨두고 사방으로 칼집을 냅니다.

8. 통두부를 그릇에 담은 후 양념장과 무순, 파채 순으로 올리면 완성입니다.

매콤 두부탕수

칼로리를 낮춰 담백하게 즐길 수 있는 두부탕수입니다. 고소한 두부튀김과 첫 맛은 새콤달콤하고 끝 맛은 매콤한 소스 때문에 한 번 맛보면 계속 먹고 싶어지는 음식이에요. 손님 초대상에 고기요리가 많다면 매콤 두부탕수로 센스 있는 상차림을 만들어 보는 건 어떨까요.

+ Ingredients

매콤 두부탕수
두부 300g
양파 1/4개
통조림 파인애플 1조각(70g)
청·홍고추 1개씩
레몬슬라이스 1조각
마늘 2톨
소금 약간
후추 약간
전분가루 약간
식용유 적당량

전분물
물 2T
전분가루 1T

소스
물 1컵
간장 3T
설탕 2T
맛술 2T
매실액 1T
식초 3T
생강가루 1/4t

+ Cook's tip

• 식초는 가열할수록 신맛이 날아가기 때문에 소스에 새콤한 맛을 살리고 싶다면 마지막에 불을 끄고 따로 넣는 것이 좋습니다.
• 두부에 전분가루를 미리 묻히면 쉽게 눅눅해지니 튀기기 바로 직전에 묻혀 바삭한 식감을 살리도록 합니다.

1. 재료를 준비합니다.

2. 두부는 사방 1.5cm 크기로 깍둑썰기 한 다음 키친타월에 올려 물기를 제거하고, 소금과 후추를 뿌려 밑간합니다.

3. 레몬슬라이스는 반달썰기, 양파는 깍둑썰기, 청·홍고추는 어슷썰기, 마늘은 편썰기, 파인애플은 한입 크기로 자릅니다.

4. 밑간한 두부에 전분가루를 골고루 묻힙니다.

5. 팬에 식용유를 넉넉히 붓고 센불로 달군 다음 전분옷을 입힌 두부를 넣어 노릇하게 튀긴 후 기름을 제거합니다.

6. 중불로 달군 냄비에 식용유를 살짝 두르고 양파와 마늘, 청·홍고추를 넣어 1분간 살짝 볶은 다음, 분량의 소스 재료를 모두 넣고 2분간 끓입니다.

7. 레몬슬라이스와 파인애플을 넣은 다음 전분물을 한 숟가락씩 넣어 농도를 조절한 뒤 한소끔 끓여 소스를 만듭니다.

8. 5번에서 튀긴 두부를 접시에 담고 7번의 소스를 부으면 완성입니다.

얼린 두부잡채

얼린 두부는 수분이 빠지면서 밀도가 높아져 양념이 잘 배고 볶아도 쉽게 뭉개지지 않아 다양한 음식을 만들 수 있는데요. 이런 얼린 두부에 고추와 표고버섯을 넣어 잡채를 만들었습니다. 기존에 우리가 알고 있던 두부와는 전혀 다른 식감의 별미를 만들어보세요.

+ Ingredients

얼린 두부잡채
얼린 두부 1/2모(150g)
피망 1개
홍고추 2개
표고버섯 1개
대파 1/2대
고추기름 2T
식용유 약간
통깨 약간

볶음양념
굴소스 1T
진간장 1T
설탕 1/2T
물 2T
생강가루 1꼬집

전분물
전분가루 2T
물 2T

+ Cook's tip

- 중국식 요리인 얼린 두부잡채는 꽃빵과 함께 드시면 더욱 맛있습니다.
- 고추기름을 사용하면 살짝 매콤한 맛과 파 향이 어우러져 풍미를 끌어올리기 좋습니다.
- 두부를 얼리는 방법과 해동하는 방법은 가이드의 11p를 참고합니다.

1. 재료를 준비합니다.

2. 얼린 두부는 해동한 다음 손으로 지그시 눌러 물기를 제거하고 막대 모
   양으로 자릅니다.

3. 팬에 식용유를 두르고 자른 두부를 굴리면서 노릇하게 구운 뒤, 키친타
   월에 올려 기름을 제거합니다.

4. 피망과 홍고추는 씨를 제거한 다음 길게 채 썰고, 표고버섯은 슬라이
   스, 대파는 송송 썰어 준비합니다.

5. 팬에 고추기름을 두르고 송송 썬 대파를 볶아 파기름을 냅니다.

6. 파가 익으면 피망과 홍고추, 표고버섯을 넣고 1분간 볶습니다.

7. 두부와 분량의 볶음양념 재료를 모두 넣고 골고루 섞으며 볶습니다.

8. 마지막으로 전분물을 한 숟가락씩 떠 넣으며 농도를 맞춘 뒤, 그릇에
옮겨 통깨를 뿌리면 완성입니다.

두부보쌈

따뜻하게 데친 두부와 갓 삶아낸 야들야들한 수육, 그리고 오독오독 달콤한 무김치까지. 손님 초대상의 메인이라고 할 수 있는 두부보쌈을 만들었습니다. 특히 이번에는 보쌈에 빠질 수 없는 무김치를 맛있게 만드는 방법까지 아낌없이 소개합니다.

+ Ingredients

두부보쌈
통돼지삼겹살 1근
두부 1모(300g)
무 500g
미나리 1줌

무 절임
굵은 소금 1T
설탕 5T

수육 삶기
물 6컵
대파 1대
양파 1/2개
된장 1T
마늘 5톨
편생강 2조각
통후추 약간
월계수잎 3장

무김치양념
고춧가루 3T
고추장 1/2T
액젓 1T
올리고당 1.5T
생강청 1/2T
다진 마늘 1T
통깨 1T

+ Cook's tip

• 무는 24시간 정도 절여야 무말랭이처럼 오독오독한 식감이 되니, 보쌈을 만들기 하루 전에 미리 절여둡니다.

• 무는 손가락 굵기 정도로 두껍게 썰어야 수분이 빠져나갔을 때 먹기 좋은 식감이 됩니다.

1. 재료를 준비합니다.

2. 통돼지삼겹살을 10cm 길이로 자르고, 냄비에 분량의 수육 삶기 재료
   를 모두 넣어 센불에서 끓입니다. 물이 끓기 시작하면 중불로 줄여 50
   분간 푹 삶습니다.

3. 무는 손가락 굵기 정도로 채 썬 다음, 분량의 무 절임 재료를 넣고 냉장
   고에서 24시간 동안 절입니다.

4. 절인 무는 면포나 키친타월을 이용해 물기를 최대한 꽉 짜고, 미나리는
   3cm 길이로 썰어 준비합니다.

5. 볼에 물기를 제거한 무와 미나리, 분량의 무김치양념을 모두 넣고 골고루 무쳐 무김치를 만듭니다.

6. 두부를 냄비에 넣고 두부가 잠길 정도로 물을 부은 다음 센불에서 끓이다가 물이 끓어오르면 중불로 줄인 뒤 2분간 데칩니다. 데친 두부는 면포나 키친타월로 물기를 제거한 뒤 먹기 좋은 크기로 자릅니다.

7. 2번에서 50분간 삶은 통돼지삼겹살을 두부와 비슷한 크기로 썰어줍니다.

8. 접시 가운데 무김치를 담고 두부와 수육을 보기 좋게 담으면 완성입니다.

두부전골

두부와 고기, 채소 등을 전골냄비에 담고 육수를 자작하게 부어 끓여내는 두부전골은 쌀쌀한 날씨에 가장 잘 어울리는 메뉴입니다. 끓일수록 육수의 풍미가 점점 깊어지니 사랑하는 사람들과 둘러 앉아 담소를 나누며 천천히 즐겨보시는 건 어떨까요.

+ Ingredients

두부전골
두부 1모
애호박 1/2개
당근 1/2개
대파 1/2대
느타리버섯 70g
청경채 1송이
쑥갓 약간

돼지고기 완자
돼지고기 다짐육 100g
전분가루 1T
소금 약간
후추 약간

육수
멸치다시마육수(p.20) 800ml
고춧가루 2T
새우젓 2T
다진 마늘 1/2T
국간장 1t

+ Cook's tip

• 돼지고기 완자는 채소에 비해 익는 속도가 느리기 때문에 작은 크기로 만드는 것이 좋습니다.

• 전골은 국물이 자작해 완자가 잘 익지 않으니, 끓일 때 완자를 굴려가며 골고루 익힙니다.

• 멸치다시마육수는 가이드의 20p를 참고합니다.

1. 재료를 준비합니다.

2. 두부는 반으로 자른 뒤 1.5cm 두께로 썰어줍니다.

3. 애호박과 당근, 대파는 같은 길이로 납작하게 썰어줍니다.

4. 돼지고기 다짐육에 전분가루와 소금, 후추를 넣고 잘 치댄 뒤, 완자를
   만듭니다.

5. 냄비에 분량의 육수 재료를 모두 넣고 2분간 끓입니다.

6. 전골냄비에 두부와 채소, 느타리버섯과 청경채를 예쁘게 돌려가며 담고 가운데에 4번의 돼지고기 완자를 넣습니다.

7. 5번에서 만든 육수를 냄비에 붓고 자작하게 끓입니다.

8. 채소와 완자가 어느 정도 익었을 때 쑥갓을 올리면 완성입니다.

PART 3.

두부로 만드는

홈파티
요리

두부 데리야키 오븐구이

간단하지만 홈파티의 메인요리로 손색없는 두부 데리야키 오븐구이입니다. 생파슬리나 바질을 곁들이면 더욱 풍성한 맛을 즐길 수 있는데요. 볶음밥과 함께 한 끼 식사로 먹어도 좋지만 다양한 채소를 함께 구워 즐겨도 좋습니다.

+ Ingredients ─────────────

두부 데리야키 오븐구이
두부 300g
데리야키소스(p.28) 2T
아스파라거스 2줄
빨강피프리기 1/4개
생파슬리 약간
소금 약긴
후추 약간
식용유 약간

+ Cook's tip ─────────────

- 두부의 물기는 최대한 빼는 것이 좋습니다. 요리하기 하루 전날 키친타월에 올려 냉장실에 보관해두면 수분이 천천히 빠져나가 조금 더 탱글탱글한 식감을 살릴 수 있습니다.
- 파인애플이나 미니 당근을 함께 구워도 잘 어울립니다.
- 데리야키소스는 가이드의 28p를 참고합니다.
- 오븐은 제품마다 사양이 다르니 구워지는 정도를 확인하면서 시간을 가감합니다.

1. 재료를 준비합니다.

2. 두부를 2cm 두께로 포를 뜹니다.

3. 포를 뜬 두부를 키친타월에 올려 물기를 제거하고, 소금과 후추로 밑간합니다.

4. 팬에 식용유를 두르고 밑간한 두부를 올려 앞뒤로 노릇하게 굽습니다.

5. 구운 두부는 한 김 식힌 다음 윗부분에 벌집 모양으로 살짝 칼집을 냅니다.

6. 두부를 오븐용기에 담고 데리야키소스를 칼집 안쪽까지 골고루 바른 뒤, 180℃로 예열한 오븐에서 15분간 굽습니다.

7. 그 사이 센불로 달군 팬에 아스파라거스와 빨강파프리카를 약 1분간 살짝 굽습니다.

8. 오븐에서 구운 두부데리야키에 채소를 곁들이고 생파슬리로 장식하면 완성입니다.

두부스테이크

홈파티에서 스테이크는 빠질 수 없는 메뉴죠. 파티의 하이라이트를 장식하는 스테이크를 이번에는 조금 특별하게 만들어보는 건 어떨까요? 촉촉한 두부를 으깬 다음 겉면을 바삭하게 구워 풍미 가득한 소스를 얹어내면 고기 못지않은 근사한 두부스테이크가 완성된답니다.

+ Ingredients

두부스테이크
두부 300g
양송이버섯 3개
양파 1/4개
당근 1/4개
실파 3~4줄
소금 약간
후추 약간
올리브유 약간

반죽
빵가루 6T
전분가루 2T
달걀 1개
소금 약간
후추 약간

소스
양송이버섯 4개
양파 1/4개
마늘 2톨
스테이크소스 2T
우스터소스 2T
토마토케첩 1T
굴소스 1T
물 50ml
버터 1조각

+ Cook's tip

- 두부스테이크에 들어가는 채소는 냉장고 속 다양한 자투리 채소를 활용해도 좋습니다.
- 소스 재료를 모두 갖추고 있지 않다면 시판용 스테이크소스를 사용해도 좋습니다.
- 두부는 쉽게 부서지기 때문에 구울 때 여러 번 뒤집지 말고 한쪽 면이 다 구워지면 뒤집어 다른 쪽을 굽고 마무리합니다.

1. 재료를 준비합니다.

2. 두부는 면포로 감싸 물기를 꽉 짜내며 으깹니다.

3. 스테이크에 들어갈 양송이버섯과 양파, 당근은 다지고 실파는 송송 썹
   니다. 소스에 들어갈 양송이버섯과 양파, 마늘은 슬라이스합니다.

4. 중불로 달군 팬에 올리브유를 살짝 두르고 스테이크용으로 다진 양송
   이버섯과 양파, 당근을 볶은 다음 소금과 후추를 넣어 간을 맞춥니다.

5. 볼에 4번에서 볶은 채소와 으깬 두부, 송송 썬 실파를 넣고 분량의 반
   죽 재료를 모두 넣은 다음 손으로 잘 치댑니다.

6. 반죽을 동글납작하게 만든 다음, 중불로 달군 팬에 올리브유를 두르고
   앞뒤로 노릇하게 굽습니다.

7. 팬에 버터를 두르고 소스용으로 슬라이스한 양송이버섯과 양파, 마늘
   을 넣어 중불에서 살짝 볶습니다.

8. 남은 소스 재료를 모두 넣고 2분간 끓인 후 6번의 두부스테이크에 얹
   으면 완성입니다.

순두부 프리타타

이탈리아식 오믈렛인 프리타타는 달걀을 푼 뒤 채소와 고기, 치즈 등 다양한 재료를 넣고 익혀내는 음식입니다. 만들기도 간단하고 푸짐하게 즐길 수 있어 파티 음식으로 제격인데요. 프리타타에 순두부를 넣으면 훨씬 더 부드럽고 촉촉하게 즐길 수 있답니다.

+ Ingredients

순두부 프리타타

순두부 1/2팩(150g)
달걀 4개
베이컨 3줄
방울토마토 6개
양송이버섯 3개
양파 1/2개
블랙올리브슬라이스 1T
생크림 100ml
모차렐라치즈 1/2컵

버터 1조각
소금 약간
후추 약간

+ Cook's tip

- 프리타타를 익힐 때 오븐이 없다면 프라이팬에 반죽을 부어 약불에서 뚜껑을 덮고 10~15분 이내로 익히면 됩니다. 젓가락으로 찔렀을 때 달걀이 묻어나오지 않는다면 잘 익은 상태입니다.
- 오븐은 제품마다 사양이 다르니 구워지는 정도를 확인하면서 시간을 가감합니다.

1. 재료를 준비합니다.

2. 순두부는 2~3등분으로 숭덩숭덩 썬 다음 키친타월에 올려 물기를 제거합니다.

3. 양파와 양송이버섯은 슬라이스하고 방울토마토는 반으로 자릅니다. 베이컨은 먹기 좋은 크기로 썰어 준비합니다.

4. 달걀에 소금과 후추를 넣어 끈이 없도록 곱게 풀어준 다음, 모차렐라치즈와 생크림을 넣고 골고루 섞습니다.

5. 오븐팬에 버터를 두르고 양파-베이컨-양송이버섯-방울토마토 순으로 살짝 볶습니다.

6. 그 위에 4번의 달걀물을 붓습니다.

7. 물기를 제거한 순두부를 적당한 크기로 잘라 넣고 블랙올리브슬라이스도 올립니다.

8. 200℃로 예열한 오븐에서 15분간 구우면 완성입니다.

포
두
부
샐
러
드
파
스
타

포두부를 이용해 담백하게 만든 샐러드파스타입니다. 달콤한 드레싱과 녹색잎채소, 독특한 포두부의 식감이 어우러져 고칼로리 음식이 주를 이루는 파티음식에서 색다른 맛을 뽐내는 메뉴죠. 다이어트 식단으로는 말할 것도 없고, 딸기 이외에 키위나 방울토마토 등 다양한 재료를 넣어 응용하기에도 아주 좋습니다.

+ Ingredients

포두부 샐러드파스타
포두부 2장(100g)
녹색잎채소 1줌
바질잎 4장
딸기 4개
블랙올리브슬라이스 1T
굵은 소금 1T

드레싱
스위트칠리소스 3T
진간장 1T
올리브오일 1T
레몬즙 1T
후추 약간

+ Cook's tip

• 포두부를 플레이팅할 때 젓가락으로 돌돌 말아 포인트를 주면 포크로 찍어 먹기도 좋고 보기에도 좋습니다.

1. 재료를 준비합니다.

2. 포두부는 돌돌 말아 0.7cm 두께로 썰어줍니다.

3. 끓는 물에 굵은 소금을 넣고 포두부를 1분 이내로 살짝 데칩니다.

4. 데친 포두부는 찬물에 한번 헹군 뒤 서로 달라붙지 않도록 펼쳐 물기를 제거합니다.

5. 녹색잎채소와 바질잎은 찬물에 담가두었다가 헹군 다음 마찬가지로 물기를 제거합니다.

6. 딸기는 꼭지를 따고 먹기 좋은 크기로 썰어줍니다.

7. 접시에 포두부와 녹색잎채소, 바질잎, 딸기, 블랙올리브슬라이스를 담습니다.

8. 그 위에 분량의 드레싱 재료를 모두 섞어 먹기 직전에 뿌리면 완성입니다.

두부너겟

겉은 바삭바삭하고 속은 보송보송한 두부너겟입니다. 특별한 재료 없이 그냥 두부를 튀겼을 뿐인데 근사한 파티음식이 뚝딱! 한두 개씩 집어먹다 보면 어느새 그릇이 텅 비어버리는 마성의 핑거 푸드랍니다.

+ Ingredients

두부너겟
두부 300g
달걀 2개
밀가루 4T
빵가루 6T
소금 약간
후추 약간
식용유 적당량

+ Cook's tip

- 두부는 키친타월을 이용해 물기를 최대한 제거하는 게 좋습니다. 튀김요리가 익숙하지 않다면 밀가루–달걀–밀가루–달걀–빵가루 순으로 튀김옷을 입히면 조금 더 안정적으로 튀길 수 있습니다.
- 완성된 두부너겟은 살사소스나 땅콩소스, 토마토케첩 등 다양한 소스를 곁들이면 더욱 맛있습니다.

1. 재료를 준비합니다.

2. 두부는 반으로 한번 자르고 1.5cm 두께로 자릅니다.

3. 자른 두부는 키친타월에 올려 물기를 제거하고, 소금과 후추로 밑간합니다.

4. 달걀은 소금과 후추를 살짝 뿌린 다음 곱게 풀어 준비합니다.

5. 밑간한 두부에 밀가루-달걀-빵가루 순으로 튀김옷을 입힙니다.

6. 팬에 식용유를 넉넉히 붓고 170℃로 달군 뒤, 튀김옷을 입힌 두부를 넣어 노릇하게 튀기면 완성입니다.

두부꼬치

한입 크기의 두부에 다양한 소스와 토핑을 올린 다음 오븐에 구워 만든 핑거푸드, 두부꼬치입니다. 바삭하게 구운 두부 위에 쫀득한 모차렐라치즈와 세 가지 다른 토핑을 올려 골라 먹는 재미가 있는데요. 홈파티의 즐거움을 두 배로 만들어 줄 메뉴랍니다.

+ Ingredients

두부꼬치
두부 1모(300g)
방울토마토 2개
실파 1줄
마요네즈 적당량
기쓰오부시 1줌
모차렐라치즈 1/2컵
식용유 약간
소금 약간
후추 약간

소스
살사소스 2T
데리야키소스(p.28) 2T
스테이크소스 2T

+ Cook's tip

• 모차렐라치즈와 소스는 충분히 올려야 맛있습니다.

• 오븐이 없다면 프라이팬에 두부꼬치를 올려 뚜껑을 덮고 모차렐라치즈가 다 녹을 때까지 약불로 구우면 됩니다.

• 데리야키소스는 가이드의 28p를 참고합니다.

1. 재료를 준비합니다.

2. 두부는 10등분해서 키친타월에 올려 물기를 제거하고 소금과 후추로 밑간합니다.

3. 방울토마토는 반으로 자르고 실파는 송송 썰어줍니다.

4. 중불로 달군 팬에 식용유를 두르고 밑간한 두부를 앞뒤로 노릇하게 굽습니다.

5. 두부를 꼬치에 끼운 다음 오븐팬에 올리고 각각 살사소스, 데리야키소스, 스테이크소스를 바릅니다.

6. 소스 위에 모차렐라치즈를 듬뿍 올립니다.

7. 살사소스에는 방울토마토, 데리야키소스에는 실파, 스테이크소스에는 마요네즈와 가쓰오부시를 각각 올려 토핑합니다.

8. 토핑을 올린 꼬치를 180℃로 예열한 오븐에 넣고 12~15분간 구우면 완성입니다.

두부 베이컨말이

샴페인이나 와인에 어울리는 간단한 핑거푸드, 두부 베이컨말이 입니다. 두부의 고소함과 데리야키소스의 달콤함이 참 잘 어울리는데요. 여기에 아삭하게 절인 오이가 다소 묵직할 수 있는 두부 베이컨말이를 조금 더 상큼하게 만들어준답니다.

+ Ingredients

두부 베이컨말이
두부 1/2모(150g)
오이 1개
베이컨 8장
소금 약간
후추 약간
데리야키소스(p.28) 2T

오이절임물
물 100ml
설탕 2T
식초 2T
소금 1t

데커레이션
레몬, 파슬리

+ Cook's tip

- 오이 대신 애호박을 1cm 두께로 반달썰기 한 뒤, 소금과 후추로 밑간하고 두부 베이컨말이와 함께 꼬치에 꽂아 구워도 좋습니다.
- 슬라이스한 레몬을 접시에 깔고 두부 베이컨말이를 올린 다음, 파슬리로 장식하면 조금 더 멋스럽게 플레이팅 할 수 있습니다.
- 오븐은 제품마다 사양이 다르니 구워지는 정도를 확인하면서 시간을 가감합니다.
- 데리야키소스는 가이드의 28p를 참고합니다.

1. 재료를 준비합니다.

2. 두부는 8조각으로 잘라 키친타월에 올려 물
   기를 제거하고, 소금과 후추를 살짝 뿌려 밑
   간합니다.

3. 오이는 깨끗하게 씻은 다음 필러로 얇게 저
   밉니다.

4. 저민 오이에 분량의 오이절임물 재료를 모두
   부어 3분간 절인 뒤 물기를 제거합니다.

5. 밑간한 두부에 베이컨을 돌돌 말아줍니다.

6. 오븐팬에 종이호일을 깔고 베이컨으로 감싼
   두부를 올린 다음 데리야키소스를 바릅니다.

7. 팬을 180℃로 예열한 오븐에 넣고 12분간 굽
   습니다.

8. 꼬치에 절인 오이를 지ㄱ새그로 꽂은 뒤, 오
   븐에 구운 두부 베이컨말이를 꽂으면 완성입
   니다.

두부카나페

겉은 바삭하고 속은 폭신한 구운 두부에 오이와 새우를 얹고 와사
비마요소스를 곁들인 두부카나페입니다. 두부의 담백함과 와사비
의 톡 쏘는 맛은 화이트와인과 아주 잘 어울리는데요. 앙증맞고
예쁜 모양은 두부를 좋아하지 않는 아이들도 호기심에 맛볼 수 있
는 특별한 파티음식이랍니다.

+ Ingredients

두부카나페

두부 1모(300g)
냉동 칵테일새우 12마리
양상추 2장
오이 1/4개
슬라이스치즈 3장
다진 마늘 1T
버터 1T
맛술 1T
애플민트잎 12장

소금 약간
후추 약간
식용유 약간
파슬리가루 약간

와사비마요소스

연와사비 1T
마요네즈 3T
꿀 1T
레몬즙 2t
다진 양파 2T

+ Cook's tip

• 전체적으로 높이감이 있는 메뉴이기 때문에 요리픽을 사용하면 센스 있는 플레이팅이 가능합니다.
• 완성된 두부카나페에 파슬리가루를 뿌리면 색감이 더욱 뚜렷해져 먹음직스럽습니다.

1. 재료를 준비합니다.

2. 두부는 2.5×3.5cm 크기로 잘라 키친타월에 올려 물기를 제거한 뒤, 소금과 후추로 밑간 합니다.

3. 냉동 칵테일새우는 맛술을 섞은 차가운 물에 넣어 해동한 후 깨끗이 씻어 준비합니다.

4. 슬라이스치즈는 4등분, 오이는 슬라이스, 양상추는 치즈와 같은 크기로 자르고, 애플민트잎은 차가운 물에 잠시 담갔다가 물기를 제거해 준비합니다.

5. 센불로 달군 팬에 식용유를 두르고 밑간한 두부를 앞뒤로 튀기듯 노릇하게 구운 뒤, 키친타월에 올려 기름을 제거합니다.

6. 약불로 달군 팬에 버터와 다진 마늘을 넣고 살짝 볶다가 중불로 올려 해동한 칵테일새우를 넣고 노릇하게 볶습니다.

7. 구운 두부 위에 치즈-양상추-오이-애플민트잎-새우 순으로 올리고 분량의 와사비마요소스 재료를 모두 섞어 얹으면 완성입니다.

두부 불고기 샌드

손님을 초대하거나 홈파티를 할 때 핑거푸드로 즐기기 좋은 메뉴
입니다. 한입 크기로 만들어 요리픽으로 고정해도 좋고 미나리나
부추 등을 살짝 데쳐 묶어도 예쁘답니다. 평범한 재료로 만들었지
만 맛은 물론 보기에도 좋아 파티의 설렘을 더욱 고조시켜주는 음
식입니다.

+ Ingredients

두부 불고기샌드

두부 200g
불고기용 소고기 100g
양파 1/4개
대파(10cm) 1대
미나리 7줄
부침가루 3T
달걀 1개
식용유 적당량
소금 약간
후추 약간

소불고기 양념

진간장 1.5T
설탕 1T
올리고당 1/2T
참기름 1/2T
다진 마늘 1t
물 2T
통깨 약간
후추 약간

+ Cook's tip

• 미나리는 데친 후 키친타월로 물기를 완전히 제거해야 두부부침이 눅눅해지지 않습니다.

• 소불고기를 두부 사이에 넣을 때 양념이 흐르면 지저분해질 수 있으니 고기만 건져 사용합니다.

1. 재료를 준비합니다.

2. 두부는 12등분으로 자른 다음 키친타월에 올려 물기를 제거하고, 소금과 후추를 뿌려 밑간합니다.

3. 불고기용 소고기는 키친타월로 핏물을 제거한 뒤, 분량의 소불고기 양념에 10분간 재웁니다.

4. 대파는 송송 썰고, 양파는 채 썰어 준비합니다.

5. 끓는 물에 소금을 약간 넣고 미나리를 30초간 데친 후 찬물에 헹궈 물기를 제거합니다.

6. 밑간한 두부에 부침가루와 달걀을 묻혀 튀김옷을 입힌 다음 중불로 달군 팬에 식용유를 두르고 앞뒤로 노릇하게 굽습니다.

7. 센불로 달군 팬에 재운 소고기와 손질한 대파와 양파를 넣고 볶습니다.

8. 구운 두부에 불고기를 올리고 다시 두부로 덮어 샌드한 다음, 미나리로 묶어 고정하면 완성입니다.

PART 4.

두부로 만드는

간식 &
브런치

두부강정

간식 혹은 가벼운 안주로 즐기기 좋은 두부강정입니다. 매콤달콤한 양념에 겉은 바삭하고 속은 부드러운 두부강정은 남녀노소 누구나 좋아하는 매력 있는 두부요리랍니다.

+ Ingredients

두부강정
두부 300g
땅콩 1줌
전분가루 1/2컵
식용유 3l
쪽파 1대
통깨 약간
소금 약간
후추 약간

양념장
스위트칠리소스 4T
고추장 1T
간장 1T
맛술 2T
올리고당 2T
다진 마늘 1t
식용유 1T

+ Cook's tip

- 완성한 두부강정은 접시에 예쁘게 담아 쪽파와 통깨를 뿌리면 더욱 보기 좋습니다.

- 어린잎채소 등 좋아하는 채소를 곁들여도 좋습니다.

1. 재료를 준비합니다.

2. 두부는 한입 크기로 자른 다음 키친타월에 올려 물기를 제거하고, 소금
   과 후추를 살짝 뿌려 밑간합니다.

3. 땅콩은 잘게 다지고 쪽파는 송송 썰어 준비합니다.

4. 밑간한 두부에 전분가루를 골고루 묻힙니다.

5. 식용유를 두른 팬에 전분옷을 입힌 두부를 넣고 센불에서 튀기듯이 굽습니다. 노릇하게 구운 두부는 키친타월에 올려 기름을 제거합니다.

6. 중불로 달군 팬에 분량의 양념장 재료를 모두 넣어 1분간 바글바글 끓입니다.

7. 끓인 양념장에 구운 두부와 다진 땅콩을 넣고 골고루 섞으면 완성입니다.

두부샌드위치

이색적인 두부요리, 이번엔 두부샌드위치입니다. 탄수화물을 배제해 만든 두부샌드위치는 칼로리는 낮추고 포만감은 높여 다이어트 식사로도 좋고 주말 아침 여유 있는 브런치로도 제격입니다. 건강하게 즐기는 영양 만점 홈메이드 두부샌드위치로 든든한 한 끼 어떠신가요?

+ Ingredients

두부샌드위치

두부 1모
토마토슬라이스 2개
양상추 2장
노란파프리카 1개
베이컨 2줄
슬라이스치즈 1장
마요네즈 1T
홀그레인 머스터드소스 1T

소금 약간
후추 약간
식용유 약간

+ Cook's tip

- 두부는 구운 뒤에 잔여 수분이 빠져나올 수 있으므로 요리를 시작하기 전에 충분히 수분을 제거하는 것이 좋습니다.
- 구운 두부는 키친타월에 올려 기름과 잔여 수분을 제거해야 쉽게 부서지지 않습니다.
- 완성된 두부샌드위치를 랩이나 샌드위치용 유산지 등으로 감싸고 커팅하면 내용물이 흘러나오지 않아 깔끔하게 자를 수 있습니다.

1. 재료를 준비합니다.

2. 두부는 반으로 포를 떠 키친타월에 올려 물기를 제거하고, 소금과 후추로 밑간합니다.

3. 팬에 식용유를 살짝 두르고 밑간한 두부를 앞뒤로 노릇하게 구운 다음, 키친타월에 올려 기름을 제거합니다.

4. 베이컨은 식용유를 두른 팬에 살짝 굽습니다.

5. 파프리카는 씨를 제거한 뒤 굵게 채 썰고, 양상추는 4등분으로 자릅니다.

6. 두부 두 장 중 한쪽에는 마요네즈, 다른 한쪽에는 홀그레인 머스터드소스를 각각 바릅니다.

7. 마요네즈를 바른 두부 위에 슬라이스치즈-베이컨-토마토-파프리카-양상추 순으로 올립니다.

8. 그 위에 홀그레인 머스터드소스를 바른 두부를 포갠 후 반으로 자르면 완성입니다.

두부고로케

겉은 바삭하게 튀기고 속에는 아이들이 좋아하는 햄과 모차렐라치
즈를 듬뿍 넣어 평소 잘 먹지 않는 채소가 들어있어도 맛있게 먹
을 수 있는 두부고로케입니다. 아이들의 든든한 영양 간식이 될
두부고로케를 집에서 직접 만들어주세요.

+ Ingredients

두부고로케
두부 1모(300g)
양파 1/4개
당근 1/4개
햄 100g
전분가루 1T
빵가루 1T
모차렐라치즈 1컵
소금 약간
후추 약간
식용유 적당량

튀김옷
달걀 2개
밀가루 적당량
빵가루 적당량

+ Cook's tip

• 속재료는 모두 익혀 사용했기 때문에 겉면이 노릇해질 정도로만 튀기면 됩니다.

• 기호에 따라 토마토케첩이나 머스터드소스를 곁들여도 좋고, 얇게 채 썬 양배추 샐러드와 함께 즐겨도 좋습
니다.

1. 재료를 준비합니다.

2. 두부는 면포로 감싸 물기를 꽉 짜면서 으깹니다.

3. 양파와 당근, 햄을 잘게 다집니다.

4. 팬에 식용유를 두르고 다진 양파와 당근, 햄을 넣어 볶아줍니다.

5. 볼에 으깬 두부와 볶은 채소, 전분가루, 빵가루, 소금, 후추를 넣고 치댑니다.

6. 반죽을 적당히 떼어 동그랗게 빚은 다음 가운데에 모차렐라치즈를 넣고 감싸 동글납작하게 만듭니다.

7. 밀가루-달걀-빵가루 순으로 튀김옷을 입힙니다.

8. 170℃로 예열한 식용유에 튀김옷을 입힌 반죽을 넣고 노릇하게 튀기면 완성입니다.

두부김밥

두부와 묵은지, 오이로 개운하고 깔끔한 맛을 살린 두부김밥입니다. 두부를 간장양념에 조려 만든 두부김밥은 가벼운 브런치는 물론 도시락 메뉴로도 아주 좋은데요. 깨끗이 헹궈 낸 묵은지와 조린 두부는 맛의 궁합이 잘 맞아 많은 재료가 들어가지 않아도 충분히 맛있답니다.

+ Ingredients

두부김밥
두부 1모
불린 쌀 3컵
다시마(4×4cm) 1조각
오이 1개
묵은지 6장
김밥용 김 6장
참기름 1T
소금 약간
후추 약간
식용유 약간

조림장
간장 2T
설탕 1T
맛술 1T
올리고당 1T
물 1/3컵

오이절임
물 1컵
식초 2T
설탕 2T
소금 1T

+ Cook's tip

• 완성된 두부김밥에는 마요네즈를 곁들여도 좋고 깻잎을 추가해도 좋습니다.

• 묵은지를 헹구지 않고 바로 사용하면 텁텁할 수 있으니 양념을 깨끗이 씻어내고 물기를 꽉 짜서 사용합니다.

1. 재료를 준비합니다.

2. 불린 쌀에 다시마를 넣고 쌀과 1:1로 물을 맞춰 밥을 짓습니다.

3. 두부는 막대 모양으로 12등분한 뒤 키친타월에 올려 물기를 제거하고,
   소금과 후추로 밑간합니다.

4. 묵은지는 양념을 씻어낸 다음 물기를 꽉 짜서 준비합니다.

5. 오이는 씨를 제외한 나머지 부분을 막대 모양으로 자르고 분량의 오이
   절임물에 넣어 10분간 절입니다.

6. 중불로 달군 팬에 식용유를 두르고 밑간한 두부를 굴려가며 구운 다음
   기름을 제거합니다. 그다음 분량의 조림장에 구운 두부를 넣고 중불에
   서 바짝 조립니다.

7. 따뜻한 밥에 참기름과 소금을 넣어 밑간한 뒤 골고루 섞습니다.

8. 김밥용 김 위에 밥을 펴고 묵은지와 조린 두부, 오이를 올리고 김밥이
   터지지 않게 잘 말면 완성입니다.

순두부 스크램블에그

부드럽고 촉촉한 순두부에 달걀을 섞어 스크램블을 만들면 바쁜
아침 식사 대용으로도 좋고 브런치로도 충분한 한 끼가 됩니다.
두부와 달걀만 넣어 만들었을 때 다소 밋밋한 느낌이 든다면 방울
토마토와 어린잎채소를 곁들여 더욱 영양 가득하게 즐겨보세요.

+ Ingredients ─────────────────────────────────

순두부 스크램블에그
순두부 1모
달걀 2개
방울토마토 5개
다진 마늘 1t
우유 2T
버터 1조각
식용유 1T
소금 약간
후추 약간

데커레이션
어린잎채소 1줌
파마산치즈 약간
파슬리가루 약간

+ Cook's tip ─────────────────────────────────

• 순두부에 물기가 많으면 스크램블과 겉돌기 때문에 요리하기 하루 전날 순두부를 키친타월로 감싸 냉장
보관해 물기를 충분히 제거하는 것도 좋습니다.

1. 재료를 준비합니다.

2. 순두부는 면포로 감싸 지그시 눌러 물기를 충분히 제거합니다.

3. 어린잎채소는 찬물에 담가 깨끗이 헹궈 물기를 없애고, 방울토마토는 반으로 잘라 준비합니다.

4. 달걀에 소금과 후추를 넣고 곱게 푼 다음, 으깬 순두부와 우유를 넣어 잘 섞습니다.

5. 중약불로 달군 팬에 버터를 두르고 4번의 반죽을 부어 스크램블을 만듭니다. 이때 완전히 익히지 말고 80%만 익힌 후 접시에 담아둡니다.

6. 팬을 한번 닦은 후 식용유를 두르고 약불에서 다진 마늘을 살짝 볶다가 방울토마토를 넣고 센불에서 1분간 볶습니다.

7. 5번에서 덜어둔 스크램블을 넣고 골고루 섞어가면서 중약불에서 완전히 익힙니다.

8. 완전히 익은 스크램블을 그릇에 옮긴 후, 어린잎채소와 파마산치즈, 파슬리가루를 뿌리면 완성입니다.

포두부브리또

멕시코 음식인 브리또를 토르티야가 아닌 포두부를 이용해 만들었습니다. 탄수화물은 낮추고 담백하게 즐길 수 있는 포두부에 닭 안심과 다양한 채소를 풍성하게 넣어 만들면 고단백 저탄수화물 음식으로 간식이나 브런치는 물론 다이어트 식단으로도 제격입니다.

+ Ingredients

포두부브리또
포두부 2장(100g)
닭 안심 80g
양상추잎 2장
파프리카 1/2개
토마토 1/4개
양파 1/4개
소금 약간
후추 약간
식용유 약간

드레싱
시판용 오이피클 랠리쉬 적당량

+ Cook's tip

• 포두부로 브리또를 만들 때 자칫하면 포두부가 찢어질 수 있으니 두 장을 겹쳐 사용하는 게 좋습니다.

• 포두부에는 점도가 없기 때문에 랩을 이용해 꽁꽁 말아야 풀리지 않고 편하게 드실 수 있습니다.

1. 재료를 준비합니다.

2. 양파는 얇게 채 썬 뒤 찬물에 10분간 담가 매운맛을 제거합니다.

3. 닭 안심은 소금과 후추로 밑간해 10분간 재워둡니다.

4. 재운 닭 안심을 식용유를 두른 팬에 올려 앞뒤로 노릇하게 굽습니다.

5. 토마토와 파프리카는 적당한 크기로 자르고 양상추는 4등분으로 잘라 준비합니다.

6. 포두부 위에 양상추-파프리카-양파-닭 안심-토마토-오이피클 랠리쉬를 올립니다.

7. 내용물이 빠지지 않도록 포두부로 잘 감싼 다음, 랩으로 두 차례 정도 꽁꽁 싸매면 완성입니다.

8. 모양이 잡힌 포두부브리또는 랩을 조심스럽게 벗긴 뒤, 유산지로 감싸 사선으로 자르면 됩니다.

두부 크림치즈 브로콜리샐러드

크림치즈와 두부를 섞어 부드럽고 고소한 맛을 살리면서 칼로리는
조금 더 가볍게 만든 두부 크림치즈 브로콜리샐러드입니다. 살짝
데친 브로콜리의 아삭한 식감이 포인트라고 할 수 있는데요. 맛있
게 버무려 고소하게 즐겨보세요.

+ Ingredients

두부 크림치즈 브로콜리샐러드
브로콜리 1개
두부 1/2모(150g)
크림치즈 2T(30g)
다진 마늘 1/2T
올리브유 1t
굵은 소금 1t
소금 약간
후추 약간

+ Cook's tip

• 기호에 따라 견과류를 굵게 다져 함께 버무려도 좋습니다.

1. 재료를 준비합니다.

2. 브로콜리를 한 송이씩 먹기 좋은 크기로 자릅니다.

3. 끓는 물에 굵은 소금과 자른 브로콜리를 넣고 30초간 데칩니다. 데친 브로콜리는 찬물에 헹군 다음 체에 밭쳐 물기를 제거합니다.

4. 면포에 두부를 넣고 물기를 꽉 짜면서 으깹니다.

5. 으깬 두부에 크림치즈와 다진 마늘, 올리브유, 소금, 후추를 넣고 골고루 섞습니다.

6. 두부+크림치즈에 데친 브로콜리를 넣고 골고루 무치면 완성입니다.

BEAN-CURD

초 판 발 행 일	2020년 03월 30일
발 행 인	박영일
책 임 편 집	이해욱
저 자	김지은
편 집 진 행	강현아
표 지 디 자 인	이미애
편 집 디 자 인	신해니
발 행 처	시대인
공 급 처	(주)시대고시기획
출 판 등 록	제 10-1521호
주 소	서울시 마포구 큰우물로 75 [도화동 538 성지 B/D] 9F
전 화	1600-3600
팩 스	02-701-8823
홈 페 이 지	www.sidaegosi.com
I S B N	979-11-254-6805-9
정 가	14,000원

시대인은 종합교육그룹 (주)시대고시기획 · 시대교육의 단행본 브랜드입니다.